中等职业教育中餐烹饪专业教材

中式烹调技艺

闫法昆　高文平◎主编

U0217289

ZHONGSHI
PENGTIAO JIYI

中国轻工业出版社

图书在版编目（CIP）数据

中式烹调技艺 / 闫法昆，高文平主编. -- 北京：
中国轻工业出版社，2025. 1. -- ISBN 978-7-5184
-5182-1

Ⅰ. TS972.117

中国国家版本馆CIP数据核字第2024XT9632号

责任编辑：贺晓琴　秦宏宇　　责任终审：白　洁　　设计制作：锋尚设计
策划编辑：史祖福　　　　　　责任校对：晋　洁　　责任监印：张京华

出版发行：中国轻工业出版社（北京鲁谷东街5号，邮编：100040）
印　　刷：天津善印科技有限公司
经　　销：各地新华书店
版　　次：2025年1月第1版第1次印刷
开　　本：787×1092　1/16　印张：10.5
字　　数：236千字
书　　号：ISBN 978-7-5184-5182-1　定价：56.00元
邮购电话：010-85119873
发行电话：010-85119832　010-85119912
网　　址：http://www.chlip.com.cn
Email：club@chlip.com.cn
版权所有　侵权必究
如发现图书残缺请与我社邮购联系调换
240328J3X101ZBW

前言

本教材是在聊城高级财经职业学校中餐烹饪专业建设"山东省中等职业教育品牌专业"科研成果的基础上修改完善而成。

本教材编写以"模块—项目—任务"为体例，按照"实训目标→实训描述→实训要求→实训准备→实训分解→操作要领→实训评价→拓展提升→实训练习"为主线，坚持以基于岗位能力的实训过程为核心，以职业素养+专业知识技能为基础，注重"做中学、做中教"，以理实一体化为主要教学方式，并配套开发了菜品操作教学视频，充分体现了实训教学指导教材的科学性、规范性和职业性。

本教材既可以作为中等职业教育中餐烹饪专业实践教学配套教材，也可供高职院校中餐烹饪相关专业学生、烹饪爱好者学习参考。

本课程建议为180学时，具体安排如下表：

教学内容				学时数		
模块	项目	任务		合计	理论/演示	实践
模块一凉菜制作	项目一凉制冷食凉菜常用的烹调方法	任务1	烹调方法"拌"的应用	6	2	4
		任务2	烹调方法"炝"的应用	6	2	4
		任务3	烹调方法"腌"的应用	6	2	4
	项目二热制冷食凉菜常用的烹调方法	任务1	烹调方法"卤"的应用	6	2	4
		任务2	烹调方法"冻"的应用	3	1	2
		任务3	烹调方法"白煮"的应用	6	2	4
		任务4	烹调方法"炸收"的应用	3	1	2
模块二热菜制作	项目三"水烹法"在菜肴制作中的应用	任务1	烹调方法"烧"的应用	6	2	4
		任务2	烹调方法"扒"的应用	6	2	4
		任务3	烹调方法"煨"的应用	3	1	2
		任务4	烹调方法"炖"的应用	6	2	4
		任务5	烹调方法"烩"的应用	6	2	4

教学内容				学时数	
模块二 热菜 制作	项目三 "水烹法"在菜 肴制作中的应用	任务6 烹调方法"焖"的应用	6	2	4
		任务7 烹调方法"汆"的应用	3	1	2
		任务8 烹调方法"煮"的应用	3	1	2
		任务9 烹调方法"煨"的应用	6	2	4
		任务10 烹调方法"燂"的应用	6	2	4
		任务11 烹调方法"蜜汁"的应用	6	2	4
	项目四 "油烹法"在菜 肴制作中的应用	任务1 烹调方法"炒"的应用	6	2	4
		任务2 烹调方法"炸"的应用	6	2	4
		任务3 烹调方法"爆"的应用	6	2	4
		任务4 烹调方法"熘"的应用	6	2	4
		任务5 烹调方法"烹"的应用	6	2	4
		任务6 烹调方法"拔丝"的应用	9	3	6
		任务7 烹调方法"挂霜"的应用	6	2	4
	项目五 "汽烹法"在菜 肴制作中的应用	任务1 烹调方法"蒸"的应用	6	2	4
		任务2 烹调方法"隔水炖"的 应用	6	2	4
	项目六 其他烹调方法 在菜肴制作中 的应用	任务1 烹调方法"烤"的应用	3	1	2
		任务2 烹调方法"盐烹"的应用	6	2	4
		任务3 烹调方法"煎"的应用	6	2	4
		任务4 烹调方法"贴"的应用	3	1	2
		任务5 烹调方法"熏"的应用	6	2	4
机动			6		
总计			180	58	116

本教材由聊城高级财经职业学校烹饪专业教师闫法昆、高文平担任主编，冯吉年、李伟担任副主编，钟凯、肖明利、李清涛参与本教材的编写。

本教材由山东省教育科学研究院邹本杰研究员、扬州大学朱云龙教授、青岛酒店管理职业技术学院刘俊新教授、山东省潍坊商业学校范守才书记、山东省团餐协会刘文君会长担任主审。在编写过程中还得到山东旅游职业学院赵建民教授、聊城市餐饮与住宿行业协会侯文义会长、聊城高级财经职业学校烹饪专业贾根田老师的大力支持和指导，聊城高级财经职业学校和该校餐旅系领导给予大力支持。本教材还参考引用了相关教材和著作，在此一并表示衷心感谢！

由于编者水平有限，不足之处在所难免，敬请广大读者批评指正。

编者

2024年6月

目录

模块一

凉菜制作

项目一　凉制冷食凉菜常用的烹调方法

任务1　烹调方法"拌"的应用

拌制的菜肴一般具有鲜嫩、凉爽、入味、清淡的特点。其用料广泛，荤素均可，生熟皆宜。生料多用蔬菜、瓜果、花卉等，熟料多用熟鸡、熟鸭、熟肉等。拌菜常用的调味料有精盐、酱油、白糖、芝麻酱、辣酱、芥末、醋、葱、姜、蒜、香菜等。

　香椿拌豆腐

实训目标

❶ 养成良好的卫生习惯，并遵守行业规范。

❷ 了解香椿的最佳上市季节及香椿食用时应注意的事项。

❸ 能够按照制作工艺，在规定时间内完成香椿拌豆腐的制作。

扫二维码
观看实训视频

实训描述

香椿一般是指香椿芽，是多年生木本植物香椿树的幼芽嫩叶，被称为"树上蔬菜"。香椿可做成各种菜肴，它不仅营养丰富，而且具有一定的药用价值。

香椿叶厚芽嫩，绿叶红边，犹如玛瑙、翡翠，香味浓郁，为时令佳肴。

实训要求

白绿相间，软嫩清香。

实训准备

1. 设备与工具

操作台，案板，炉灶，菜刀。

2. 原料与用量

主料：大豆腐500克。

配料：香椿100克。

调料：精盐5克，熟植物油5克。

实训分解

环节一：香椿初加工处理

香椿择洗干净，放入开水锅焯水，过凉捞出切末备用。

> **知识链接1：香椿的上市季节**
>
> 香椿一般在清明节前后上市。

问题探究：香椿为什么需要焯水？

环节二：菜品成形

豆腐切成1厘米见方的丁，放入开水锅内，加入少许精盐，煮约2分钟，倒出过凉，控净水，放入盆内，加入香椿末、精盐、熟植物油拌匀，装盘即可。

> **知识链接2：豆腐的选择**
>
> 最好选择卤水大豆腐，豆香味浓郁，口感软糯，无涩感。

环节三：卫生整理

工具回收，卫生整理。

操作要领

香椿一定要焯水去除草酸，豆腐焯水去除豆腥味。

实训评价

评价项目	学生自评	班组评价	教师评价
加工成形	□优秀 □良好 □合格 □不合格	□优秀 □良好 □合格 □不合格	□优秀 □良好 □合格 □不合格
工艺流程	□优秀 □良好 □合格 □不合格	□优秀 □良好 □合格 □不合格	□优秀 □良好 □合格 □不合格

续表

评价项目	学生自评	班组评价	教师评价
水温控制	□优秀 □良好 □合格 □不合格	□优秀 □良好 □合格 □不合格	□优秀 □良好 □合格 □不合格
菜品质量	□优秀 □良好 □合格 □不合格	□优秀 □良好 □合格 □不合格	□优秀 □良好 □合格 □不合格
操作规范	□优秀 □良好 □合格 □不合格	□优秀 □良好 □合格 □不合格	□优秀 □良好 □合格 □不合格
卫生安全	□优秀 □良好 □合格 □不合格	□优秀 □良好 □合格 □不合格	□优秀 □良好 □合格 □不合格
签　名			

拓展提升

香椿拌豆腐在清明前后食用最佳，其他时候可用香椿苗代替或用冷鲜香椿。

实训练习

❶ 简述红香椿和绿香椿的差别。

❷ 香椿的最佳食用季节是什么?

 实训2 鸡丝冻粉

实训目标

❶ 养成良好的卫生习惯，并遵守行业规范。

❷ 了解烹调技法拌的操作要领。

❸ 能够按照制作工艺，在规定时间内完成鸡丝冻粉的制作。

扫二维码
观看实训视频

实训描述

此菜是以鸡丝与涨发好的冻粉调拌而成的一款冷菜，成菜冻粉晶莹剔透，鸡丝鲜嫩。

实训要求

鸡丝鲜嫩，冻粉软韧。

实训准备

1. 设备与工具

操作台，菜墩，炉灶，菜刀。

2. 原料与用量

主料：鸡脯肉150克，干冻粉50克。

配料：黄瓜50克，红椒5克。

调料：蛋清1个，料酒10克，湿淀粉30克，醋20克，精盐3克，味精2克，香油10克，姜15克，清油1000克。

实训分解

环节一：涨发

将干冻粉放入冷水中浸泡5小时，捞出切成4厘米长的段，挤干水分。

> **知识链接1：冻粉**
>
> 冻粉又称琼脂、凉粉、洋菜。一般涨发好用于凉菜制作，也可以加水熬化制作水晶菜肴。

问题探究：为什么冻粉不能用热水涨发？

环节二：切配

将鸡脯肉切成0.2厘米粗、5厘米长的丝，红椒、黄瓜切成0.2厘米粗的丝，姜切末。

环节三：上浆、滑油

将鸡丝加入蛋清、料酒、湿淀粉、精盐抓匀上浆，油烧至三成热，下入鸡丝滑散至熟，捞出控油。

环节四：凉拌成菜

在涨发好的冻粉中加入黄瓜丝、鸡丝、姜末、醋、香油、精盐、味精调拌均匀装盘即可。

> **知识链接2：彩色墩的使用**
>
> 切鸡脯肉应用（黄色）生墩，切黄瓜应用（绿色）蔬菜墩。

问题探究：拌的技法中还有什么味型？

环节五：卫生整理

工具回收，卫生整理。

操作要领

❶ 鸡丝要切得粗细均匀，长短一致。
❷ 冻粉涨发透，无硬度才可以使用。

实训评价

请根据实训任务的完成情况或达标程度，赋予相应评价。

评价项目	学生自评	班组评价	教师评价
加工成形	□优秀 □良好 □合格 □不合格	□优秀 □良好 □合格 □不合格	□优秀 □良好 □合格 □不合格
工艺流程	□优秀 □良好 □合格 □不合格	□优秀 □良好 □合格 □不合格	□优秀 □良好 □合格 □不合格
油温火候	□优秀 □良好 □合格 □不合格	□优秀 □良好 □合格 □不合格	□优秀 □良好 □合格 □不合格
菜品质量	□优秀 □良好 □合格 □不合格	□优秀 □良好 □合格 □不合格	□优秀 □良好 □合格 □不合格
操作规范	□优秀 □良好 □合格 □不合格	□优秀 □良好 □合格 □不合格	□优秀 □良好 □合格 □不合格
卫生安全	□优秀 □良好 □合格 □不合格	□优秀 □良好 □合格 □不合格	□优秀 □良好 □合格 □不合格
签　名			

拓展提升

运用此技法还可以制作"凉拌木耳""芥末冻粉"等菜品。

实训练习

用什么刀法才能切好鸡丝?

任务2　烹调方法"炝"的应用

炝是把切好的小型原料,用沸水焯烫或用油滑透,加入各种调味品,调制成菜的一种烹调方法。

炝是制作冷菜常用的方法之一,所用的调料有精盐、味精、蒜、姜和花椒油等,成品具有无汁、口味清淡等特点。炝菜的特点是清爽脆嫩、鲜醇入味。炝菜所用原料多是各种海鲜及蔬菜,还有鲜嫩的猪肉、鸡肉等原料。

实训1　海米炝芹菜

实训目标

❶ 养成良好的卫生习惯,并遵守行业规范。

❷ 了解炝的烹调方法及操作要领。

❸ 能够按照操作要求,在规定时间内完成海米炝芹菜的制作。

扫二维码
观看实训视频

实训描述

海米炝芹菜是以芹菜为主料,以海米为配料制作的清爽可口的凉菜。

实训要求

清爽脆嫩,鲜醇入味。

实训准备

1. 设备与工具

操作台,案板,炉灶,炒锅,手勺,漏勺,菜墩,菜刀。

2. 原料与用量

主料：芹菜500克。

配料：水发海米30克，姜丝10克，葱丝10克。

调料：精盐3克，味精2克，花椒油15克。

实训分解

环节一：原料初加工处理

将芹菜择洗干净，切成长3.5厘米的段。

> **🔗 知识链接1：炝与拌的主要区别**
>
> 炝与拌的区别主要是：炝是先烹后调，趁热调制；拌是指将生料或凉熟料改刀后调拌，即有调无烹。另外，拌菜多用酱油、醋、香油；而炝菜多用精盐、花椒油等调制而成，以保持菜肴原料的本色。

问题探究：焯炝、滑炝、焯滑炝三种有什么区别？分别有什么代表菜？

环节二：焯水调味

锅内加水烧沸，倒入芹菜焯水后过凉，控净水分放入盛器中，加入水发海米、精盐、味精、葱丝和姜丝。

> **🔗 知识链接2：海米的认知与鉴别**
>
> 1. 海米是海产白虾、红虾、青虾加盐水焯后晒干，纳入袋中，扑打揉搓，风扬筛簸，去皮去杂而成，即经加盐蒸煮、干燥、晾晒、脱壳等工序制成的产品。因如春谷成米，故称海米。
>
> 2. 以白虾米为上品，色味俱佳。白虾须长，身、肉皆为白色，故前人有"曲身小子玉腰肢，二寸银须一寸肌"之咏。海米食用前加水浸透，肉质软嫩、味道鲜醇，为"三鲜之一"。
>
> 3. 优质海米：杂质少，干度达到九成以上，最好为九五成。去皮干净，体型完整，碎少，无黑米，盐分较少。
>
> 4. 劣质海米：杂质多，干度达不到九成（不能长期存放）。去皮很不干净，体型不完整，虾体有残、断、折处，盐分较重。

环节三：炝制装盘

锅内加入花椒油烧至八成热浇在葱姜丝上，盖闷5分钟拌匀，装盘即可。

问题探究：你在制作海米炝芹菜过程中遇到什么问题了吗？你是如何解决的？

环节四：卫生整理

工具回收，卫生整理。

操作要领

❶ 应选用实心的玻璃脆芹菜。

❷ 烫芹菜时加入精盐、清油，能保持油亮的感觉。

实训评价

请根据实训任务的完成情况或达标程度，赋予相应评价。

评价项目	学生自评	班组评价	教师评价
加工成形	□优秀 □良好 □合格 □不合格	□优秀 □良好 □合格 □不合格	□优秀 □良好 □合格 □不合格
工艺流程	□优秀 □良好 □合格 □不合格	□优秀 □良好 □合格 □不合格	□优秀 □良好 □合格 □不合格
水温控制	□优秀 □良好 □合格 □不合格	□优秀 □良好 □合格 □不合格	□优秀 □良好 □合格 □不合格
菜品质量	□优秀 □良好 □合格 □不合格	□优秀 □良好 □合格 □不合格	□优秀 □良好 □合格 □不合格
操作规范	□优秀 □良好 □合格 □不合格	□优秀 □良好 □合格 □不合格	□优秀 □良好 □合格 □不合格
卫生安全	□优秀 □良好 □合格 □不合格	□优秀 □良好 □合格 □不合格	□优秀 □良好 □合格 □不合格
签　名			

拓展提升

制作筵席凉菜菜品时，操作者可选用不同部位的食材并采用不同的烹调方法，提升外形美观度，可制作更加精致的造型菜品提高筵席档次。

实训练习

❶ 简述海米的鉴别方法。

❷ 炝的方法有哪几种？

 实训2 炝蜈蚣腰丝

实训目标

❶ 养成良好的卫生习惯，并遵守行业规范。

❷ 掌握炝的烹调方法及腰子的基础处理。

❸ 能够按照制作工艺，在规定时间内完成炝蜈蚣腰丝的制作。

扫二维码
观看实训视频

实训描述

猪腰子衍生出来的烹制方法有很多，比如：炝腰花、孜然全腰、炝拌腰片、爆三样、油淋腰花等。

实训要求

形如蜈蚣，脆嫩爽口。

实训准备

1. 设备与工具

操作台，案板，炉灶，菜刀，菜墩。

2. 原料与用量

主料：猪腰子2个（约300克）。

配料：葱丝15克，姜丝15克，香菜30克。

调料：味精5克，精盐3克，酱油10克，醋25克，料酒10克，花椒油25克。

实训分解

环节一：原料初加工处理

将猪腰子撕去外膜，顺长片为两片，去净腰臊，在每片里面每隔0.4厘米打上斜刀，再顶刀切成0.4厘米宽的夹刀丝；香菜择洗干净切段备用。

知识链接1：去腰臊

猪腰子洗净，剥去外面一层半透明的薄膜（这层薄膜是腥臊味的源头之一），平放在案板上，用刀横着对半片开，露出里边白色的筋膜——腰筋，俗称"腰臊"，这是猪腰子最大的臊味源头。用手将半片猪腰子的两边向中间夹一下，使中间的腰臊稍微凸出来，用菜刀横着一片，这片白色的筋膜就下来了。片干净的猪腰子先改刀成形，再用流动的水冲洗，加白酒、葱姜水浸泡，反复几次，基本可以解决腰臊味。

问题探究：腰臊可以食用吗？

环节二：制作工艺

锅内加入清水烧开，加入腰丝和料酒，焯水过凉，捞出控干水分，放入盆内，放葱丝、姜丝、香菜段、酱油、精盐、醋、味精拌匀，再浇上热花椒油盖闷片刻，装盘即可。

知识链接2：花椒油的制作

色拉油2.5千克，加入500克干花椒，用小火熬出椒香味，捞出花椒，控净油即可。

环节三：卫生整理

工具回收，卫生整理。

操作要领

腰臊去净，刀距均匀。

实训评价

请根据实训任务的完成情况或达标程度，赋予相应评价。

评价项目	学生自评	班组评价	教师评价
加工成形	□优秀 □良好 □合格 □不合格	□优秀 □良好 □合格 □不合格	□优秀 □良好 □合格 □不合格

续表

评价项目	学生自评	班组评价	教师评价
工艺流程	□优秀 □良好 □合格 □不合格	□优秀 □良好 □合格 □不合格	□优秀 □良好 □合格 □不合格
水温控制	□优秀 □良好 □合格 □不合格	□优秀 □良好 □合格 □不合格	□优秀 □良好 □合格 □不合格
菜品质量	□优秀 □良好 □合格 □不合格	□优秀 □良好 □合格 □不合格	□优秀 □良好 □合格 □不合格
操作规范	□优秀 □良好 □合格 □不合格	□优秀 □良好 □合格 □不合格	□优秀 □良好 □合格 □不合格
卫生安全	□优秀 □良好 □合格 □不合格	□优秀 □良好 □合格 □不合格	□优秀 □良好 □合格 □不合格
签　名			

拓展提升

用此技法还可以制作"炝瓦楞腰子""炝腰花"等菜品。

实训练习

如何处理腰臊?

任务3　烹调方法"腌"的应用

腌是将原料浸入调味卤汁中,或以调味品涂抹、拌和,排除原料内部水分,使原料入味的烹调方法。

腌的方法很多,有盐腌、糖腌、酱腌、酒腌等。腌可使原料中的水分渗出,滋味渗入,能改变食材的口感和质地。腌制菜肴具有色泽鲜艳、清香脆嫩、细嫩醇厚等特点。多用于鲜嫩的蔬菜类原料,如萝卜、黄瓜、白菜、莴苣等。

腌黄瓜条

实训目标

❶ 养成良好的卫生习惯，并遵守行业规范。

❷ 掌握腌的烹调方法与操作要领。

❸ 能够按照制作工艺，制作出符合菜品要求的腌黄瓜条。

扫二维码
观看实训视频

实训描述

腌黄瓜条是一道常见的开胃菜，以其爽脆的口感和独特的酸味深受人们喜爱。该道菜不仅简单易做，而且酸爽可口，非常适合搭配各种主食或作为下酒菜。

实训要求

质地脆嫩、香味浓郁、风味独特。

实训准备

1. 设备与工具

操作台，炉灶，炒锅，手勺，漏勺，菜墩，菜刀。

2. 原料与用量

主料：黄瓜400克。

配料：蒜30克，香菜15克。

调料：酱油750克，桂皮3克，八角2粒，花椒5克，精盐10克，味精5克，白糖20克。

实训分解

环节一：原料初加工处理

将黄瓜去瓤切成长5厘米、宽1厘米的条，放入盛器中加入精盐腌制30分钟，用清水洗掉多余的盐分，将水分控干。蒜切片、香菜切段。

环节二：调味

净锅上火，放入桂皮、八角、花椒小火煸炒出香味，倒入酱油、白糖烧开后加入味精，倒入盛器中放凉备用。

环节三：成菜

将放凉的酱油汁倒入黄瓜中，撒入蒜片、香菜段腌至入味，装盘即可。

环节四：卫生整理

工具回收，卫生整理。

操作要领

❶ 控制好黄瓜腌制的时间。

❷ 要将黄瓜的水分控干。

❸ 煸炒八角等香料时注意火候。

实训评价

请根据实训任务的完成情况或达标程度，赋予相应评价。

评价项目	学生自评	班组评价	教师评价
加工成形	□优秀 □良好 □合格 □不合格	□优秀 □良好 □合格 □不合格	□优秀 □良好 □合格 □不合格
工艺流程	□优秀 □良好 □合格 □不合格	□优秀 □良好 □合格 □不合格	□优秀 □良好 □合格 □不合格
腌制时间	□优秀 □良好 □合格 □不合格	□优秀 □良好 □合格 □不合格	□优秀 □良好 □合格 □不合格
菜品质量	□优秀 □良好 □合格 □不合格	□优秀 □良好 □合格 □不合格	□优秀 □良好 □合格 □不合格
操作规范	□优秀 □良好 □合格 □不合格	□优秀 □良好 □合格 □不合格	□优秀 □良好 □合格 □不合格
卫生安全	□优秀 □良好 □合格 □不合格	□优秀 □良好 □合格 □不合格	□优秀 □良好 □合格 □不合格
签　名			

拓展提升

用此技法还可以制作"腌萝卜""腌豆角"等。

实训练习

黄瓜去瓤的目的是什么？

 实训2 酒醉螃蟹

实训目标

❶ 严格遵守制作凉菜的操作规范，注意食品卫生。

❷ 了解不同螃蟹的品质。

❸ 能够掌握操作工艺，独立完成酒醉螃蟹的制作。

扫二维码
观看实训视频

实训描述

宋朝时，就已经出现了滋味鲜美的生腌蟹。据南宋周密的《武林旧事》记载，清河郡王张俊进奉宋高宗酒宴的下酒菜中，便有这么一道生腌蟹，也叫洗手蟹、盐酒蟹。腌蟹属于南方和沿海的特产，因为靠近大海，南方人的生活几乎不缺少盐，从大海中捕捞到了螃蟹，保质期又很短，只有用盐腌制，才能长久享受螃蟹的鲜美。

实训要求

入口丝滑，酒香浓郁。

实训准备

1. 设备与工具

菜墩，炉灶，菜刀，汤桶。

2. 原料与用量

主料：梭子蟹4只（约600克）。

调料：精盐5克，酱油300克，糖10克，白酒60克，花椒10克，姜50克。

实训分解

环节一：初加工处理

将鲜活的梭子蟹冲洗干净，滤干水分；姜切细丝备用。

知识链接：如何选蟹

做腌蟹必须选用鲜活的蟹，如不新鲜易引起肠道疾病。

环节二：腌制

将处理好的梭子蟹放入干净小桶内，加入姜丝、精盐、糖、白酒、花椒、酱油、纯净水（或凉白开水）以淹过梭子蟹为宜，使蟹身全部浸泡在汤汁中，用保鲜膜封严。

问题探究：腌螃蟹为什么要用干净的桶和纯净水？

环节三：成菜

腌制好的梭子蟹放入冰箱的恒温中，三天后即可改刀上桌。

环节四：卫生整理

腌蟹时要将工具处理干净，用完清理干净。改刀时应用专门工具，注意操作卫生。

操作要领

❶ 必须选用鲜活的螃蟹。

❷ 容器必须干净，要用纯净水。

❸ 在冰箱恒温腌制过程中，必须确保密封严密。

❹ 制作酒腌螃蟹时，必须严格遵守卫生标准。

实训评价

请根据实训任务的完成情况或达标程度，赋予相应评价。

评价项目	学生自评	班组评价	教师评价
加工成形	□优秀 □良好 □合格 □不合格	□优秀 □良好 □合格 □不合格	□优秀 □良好 □合格 □不合格
工艺流程	□优秀 □良好 □合格 □不合格	□优秀 □良好 □合格 □不合格	□优秀 □良好 □合格 □不合格
腌制效果	□优秀 □良好 □合格 □不合格	□优秀 □良好 □合格 □不合格	□优秀 □良好 □合格 □不合格

续表

评价项目	学生自评	班组评价	教师评价
菜品质量	□优秀 □良好 □合格 □不合格	□优秀 □良好 □合格 □不合格	□优秀 □良好 □合格 □不合格
操作规范	□优秀 □良好 □合格 □不合格	□优秀 □良好 □合格 □不合格	□优秀 □良好 □合格 □不合格
卫生安全	□优秀 □良好 □合格 □不合格	□优秀 □良好 □合格 □不合格	□优秀 □良好 □合格 □不合格
签　名			

拓展提升

在制作酒醉螃蟹的过程中，必须严格遵守卫生标准，否则食用后容易引发肠道疾病。同样的工艺也适用于制作醉虾，可以使用新鲜的海虾作为原料。

实训练习

根据酒醉螃蟹的工艺流程，还能制作什么菜品？

项目二　热制冷食凉菜常用的烹调方法

任务1　烹调方法"卤"的应用

卤是将加工好的原料或预制的半成品、熟料，放入预先调制的卤（酱）汁锅中加热，使卤汁的香鲜味渗入原料内部直至熟烂成菜的烹调方法。

卤汁根据其颜色分为红卤汁和白卤汁，红卤汁是以酱油或红曲水或糖色着色，白卤汁不加有色调味品。其味型基本相同，属复合味型，具有浓郁的香味。卤制菜肴具有鲜香醇厚、香味扑鼻的特点。适合卤制的原料有猪肉、牛肉、羊肉、鸡爪、鸭翅、土豆、千张、莲藕、鸡肝等。

卤的工艺与酱的工艺基本相似，有些地方卤和酱不区分，故二者常统称为酱卤。

 实训1　酱牛肉

实训目标

❶ 养成良好的习惯，并遵守行业规范。

❷ 了解牛肉的品质并掌握卤牛肉的操作要领。

❸ 能够按照操作流程制作一款卤牛肉。

扫二维码
观看实训视频

实训描述

牛肉酱熟后颜色棕黄，表面有光泽，酱香味浓。

实训要求

酱香浓郁，酥软不柴。

实训准备

1. 设备与工具

菜墩，菜刀，汤桶，炉灶。

2．原料与用量

主料：牛肉2500克。

调料：料包（香叶5克，花椒5克，八角5克，白芷5克，陈皮5克），葱段15克，姜片15克，精盐100克，酱油10克。

实训分解

环节一：牛肉的处理

将牛肉改刀成300克左右的块，然后入凉水锅中焯水备用。

环节二：料包的处理

将料包、葱段和姜片放入水中略煮后备用。

环节三：酱制

将焯水后的牛肉放入汤桶内，放入料包，加入水、精盐、酱油烧开约30分钟后，用汤浸泡4小时，捞出牛肉即可。

> **知识链接：酱牛肉的酱制要点**
>
> 　　牛肉韧性较大，酱制中少煮多焖，才能彻底入味，内外肉质一致。

环节四：卫生整理

清洗工具，擦洗炉灶，清理卫生死角。

操作要领

❶ 牛肉焯水时要冷水下锅。

❷ 酱制时用小火，防止汤汁蒸发过多。

❸ 酱后要用老汤浸泡，使牛肉在汤料中入味彻底。

实训评价

请根据实训任务的完成情况或达标程度，赋予相应评价。

评价项目	学生自评	班组评价	教师评价
加工成形	□优秀 □良好 □合格 □不合格	□优秀 □良好 □合格 □不合格	□优秀 □良好 □合格 □不合格

续表

评价项目	学生自评	班组评价	教师评价
工艺流程	□优秀 □良好 □合格 □不合格	□优秀 □良好 □合格 □不合格	□优秀 □良好 □合格 □不合格
水温控制	□优秀 □良好 □合格 □不合格	□优秀 □良好 □合格 □不合格	□优秀 □良好 □合格 □不合格
菜品质量	□优秀 □良好 □合格 □不合格	□优秀 □良好 □合格 □不合格	□优秀 □良好 □合格 □不合格
操作规范	□优秀 □良好 □合格 □不合格	□优秀 □良好 □合格 □不合格	□优秀 □良好 □合格 □不合格
卫生安全	□优秀 □良好 □合格 □不合格	□优秀 □良好 □合格 □不合格	□优秀 □良好 □合格 □不合格
签　名			

拓展提升

借鉴酱牛肉的制作工艺，采用少煮多焖的方法，解决制作酱肘子等大型动物性原料口味不一的难点。

实训练习

根据酱牛肉的制作工艺，还能制作几款酱制菜品？

 卤豆腐

实训目标

❶ 养成良好的卫生习惯，并遵守行业规范。

❷ 掌握卤水调制方法和制作豆腐的操作要领。

❸ 能够按照操作流程，在规定时间内完成卤豆腐的制作。

扫二维码
观看实训视频

实训描述

卤豆腐是湖南省宝庆府的一款名吃，正宗产地为邵阳市代管的武冈市。武冈有"卤都"的称号，卤豆腐是武冈市的地理标志产品，经过逐步改良，形成了香、爽、滑的特殊口感。

实训要求

入口清香，质地紧实。

实训准备

1. 设备与工具

菜墩，炉灶，菜刀，汤桶。

2. 原料与用量

主料：卤水大豆腐750克。

配料：猪腿骨1000克。

调料：色拉油100克，八角10克，花椒5克，桂皮5克，酱油50克，精盐20克。

实训分解

环节一：切配

将卤水大豆腐切成长8厘米、宽6厘米、厚1.5厘米的块，猪腿骨剁开备用。

⊘ **知识链接：为什么选择卤水大豆腐**

因其他品种豆腐的质地较嫩易散，并且豆香味不浓，故此菜应选用卤水大豆腐。

环节二：初步处理

将改刀后的豆腐放入六成热的色拉油中炸至金黄，捞出备用。猪腿骨焯水，冲凉备用。

环节三：卤制

汤桶中加入水、其他调料和焯水后的猪腿骨煮30分钟，下入炸好的豆腐卤制15分钟即可。

环节四：装盘

取卤好的豆腐，斜刀改厚片码入盘内即可。

环节五：卫生整理

工具清理干净，回归原位。

操作要领

❶ 选用卤水大豆腐或方豆干。

❷ 豆腐要炸至金黄色。

❸ 卤制时要小火慢煮。

实训评价

请根据实训任务的完成情况或达标程度，赋予相应评价。

评价项目	学生自评	班组评价	教师评价
加工成形	□优秀 □良好 □合格 □不合格	□优秀 □良好 □合格 □不合格	□优秀 □良好 □合格 □不合格
工艺流程	□优秀 □良好 □合格 □不合格	□优秀 □良好 □合格 □不合格	□优秀 □良好 □合格 □不合格
油温火候	□优秀 □良好 □合格 □不合格	□优秀 □良好 □合格 □不合格	□优秀 □良好 □合格 □不合格
菜品质量	□优秀 □良好 □合格 □不合格	□优秀 □良好 □合格 □不合格	□优秀 □良好 □合格 □不合格
操作规范	□优秀 □良好 □合格 □不合格	□优秀 □良好 □合格 □不合格	□优秀 □良好 □合格 □不合格
卫生安全	□优秀 □良好 □合格 □不合格	□优秀 □良好 □合格 □不合格	□优秀 □良好 □合格 □不合格
签　　名			

拓展提升

结合卤豆腐的制作工艺，卤制一些肉类食材。

实训练习

卤和酱的区别有哪些？

 任务2 烹调方法"冻"的应用

冻是将烹调熟后的原料，在原料中加胶质物质（琼脂、明胶、肉皮等）同煮，放凉后使之凝结在一起的烹调方法。冻制菜肴具有晶莹透明、软嫩滑爽、造型美观的特点。

冻菜食用时入口即化。冻制菜肴夏季多用油分少的原料制成，如鸡冻、虾仁冻等；冬季则用油分多的原料制成，如羊羔冻、猪爪冻等。

实训 蒜汁猪皮冻

实训目标

① 遵守操作规范，养成制作凉菜的良好卫生习惯。

② 掌握猪皮的属性和熬制的操作流程。

③ 按照操作工艺，制作蒜汁猪皮冻。

扫二维码
观看实训视频

实训描述

蒜汁猪皮冻是我国北方地区的特色小吃，通常是家庭自制的，因为制作过程并不复杂，是北方地区的一种民间食品。猪皮冻还分"清冻"和"混冻"两种，是下酒下饭的美味佳肴。

实训要求

晶莹剔透，细嫩弹滑。

实训准备

1. 设备与工具

操作台，菜墩，炉灶，菜刀，汤桶。

2. 原料与用量

主料：鲜猪皮500克。

调料：精盐10克，酱油10克，蒜泥20克，桂皮5克，八角5克，花椒6克，葱、姜各10克，料酒50克，清汤1500克。

实训分解

环节一：猪皮的处理

鲜猪皮焯水后，用刀将猪皮内的多余脂肪片去，去净猪毛，改刀成宽条状。

问题探究：猪皮内的脂肪为什么要去掉？

环节二：调配料包

将葱、姜、桂皮、八角、花椒放入调料袋中，扎紧并用水慢煮备用。

问题探究：八角等调料为何要包入料包，料包为什么要用水煮？

环节三：熬制

汤桶内放入清汤、猪皮、料包、酱油、料酒在煲仔炉上烧开，然后改文火炖制60分钟，加精盐调味即可。

环节四：成形

将熬好的冻汁倒入模具内，凉凉取出，即为猪皮冻，然后改刀装盘，带蒜泥上桌即可。

环节五：卫生整理

工具回收到位，炉灶擦洗干净。

操作要领

❶ 猪皮焯水后要去净脂肪和毛。

❷ 熬制时要用微火，保持微沸。

❸ 成形后改刀要均匀，易于食用。

实训评价

请根据实训任务的完成情况或达标程度，赋予相应评价。

评价项目	学生自评	班组评价	教师评价
加工成形	□优秀 □良好 □合格 □不合格	□优秀 □良好 □合格 □不合格	□优秀 □良好 □合格 □不合格
工艺流程	□优秀 □良好 □合格 □不合格	□优秀 □良好 □合格 □不合格	□优秀 □良好 □合格 □不合格

续表

评价项目	学生自评	班组评价	教师评价
水温控制	□优秀 □良好 □合格 □不合格	□优秀 □良好 □合格 □不合格	□优秀 □良好 □合格 □不合格
菜品质量	□优秀 □良好 □合格 □不合格	□优秀 □良好 □合格 □不合格	□优秀 □良好 □合格 □不合格
操作规范	□优秀 □良好 □合格 □不合格	□优秀 □良好 □合格 □不合格	□优秀 □良好 □合格 □不合格
卫生安全	□优秀 □良好 □合格 □不合格	□优秀 □良好 □合格 □不合格	□优秀 □良好 □合格 □不合格
签　名			

拓展提升

以此技法也可制作鱼鳞冻，但要注意去腥。

实训练习

怎样熬制猪皮冻才会呈现透明状？

任务3　烹调方法"白煮"的应用

白煮是指将加工整理的肉类原料放入清水锅或白汤锅内，不加任何调味品，先用旺火烧开，再转用小火煮焖成熟的一种方法。白煮菜品需凉凉后改刀装盘，然后用调味卤汁佐食。

白煮菜肴具有色泽洁白、清爽利落、鲜嫩滋润、清香可口的特点。常用于鲜嫩易熟的动物性原料，如鸡、鸭、五花肉等。

 **白斩鸡**

实训目标

❶ 养成良好的卫生习惯，并遵守行业规范。

❷ 掌握白煮法的操作要领。

❸ 能够按照工艺流程，在规定时间内完成白斩鸡的制作。

扫二维码
观看实训视频

实训描述

白斩鸡又称白切鸡，是一道经典粤菜，在南方菜系中普遍存在。因烹鸡时不加调味白煮而成，食用时随吃随斩，故称"白斩鸡"。白斩鸡形状美观、肉色洁白、滋味鲜美。

实训要求

肉质嫩滑，皮黄爽脆。

实训准备

1. 设备与工具

操作台，砧板，炉灶，厨刀，炒锅，手勺，汤桶，漏勺。

2. 原料与用量

主料：净仔鸡1只（约800克）。

调料：葱50克，姜30克，精盐5克，食用油50克。

实训分解

环节一：制作味碟

将葱、姜切末，盛入味碟中，先用精盐拌匀略腌。锅内下油，烧至180℃，淋在味碟中以供蘸食。

环节二：鸡的初加工处理

将净仔鸡去净绒毛，洗净备用。

环节三：煮制

汤桶中加入纯净水5000克烧至微沸。用手抓住鸡头将鸡放入水中，让热水灌入鸡腹内，再将鸡提起，反复3次使鸡腹腔内外温度相当，然后将鸡浸于沸水中，用小火保持微沸煮15分钟至断生捞出。

问题探究：煮鸡时为什么要"三提三落"？

环节四：冷却

将煮好的鸡浸泡于冰冷鸡汤内至完全冷却，捞出后在鸡身上刷一层食用油，待用。

问题探究：鸡煮熟后为什么要浸泡在冷鸡汤内？

环节五：装盘成菜

改刀装盘，食用时带葱姜味碟蘸食。

环节六：卫生整理

工具回收，恢复原位，卫生整理。

操作要领

❶ 煮鸡时要"三提三落"，易于皮滑爽脆。

❷ 煮制过程火力要小，鸡要完全浸于汤中，控制好加热时间。

❸ 鸡煮熟后立即泡冷，以使鸡皮爽脆。

实训评价

请根据实训任务的完成情况或达标程度，赋予相应评价。

评价项目	学生自评	班组评价	教师评价
加工成形	□优秀 □良好 □合格 □不合格	□优秀 □良好 □合格 □不合格	□优秀 □良好 □合格 □不合格
工艺流程	□优秀 □良好 □合格 □不合格	□优秀 □良好 □合格 □不合格	□优秀 □良好 □合格 □不合格
油温火候	□优秀 □良好 □合格 □不合格	□优秀 □良好 □合格 □不合格	□优秀 □良好 □合格 □不合格
菜品质量	□优秀 □良好 □合格 □不合格	□优秀 □良好 □合格 □不合格	□优秀 □良好 □合格 □不合格

续表

评价项目	学生自评	班组评价	教师评价
操作规范	□优秀 □良好 □合格 □不合格	□优秀 □良好 □合格 □不合格	□优秀 □良好 □合格 □不合格
卫生安全	□优秀 □良好 □合格 □不合格	□优秀 □良好 □合格 □不合格	□优秀 □良好 □合格 □不合格
签　名			

拓展提升

学会了制作此菜，还可以运用白煮的烹调技法制作鸽子。

实训练习

白煮的操作要领有哪些?

 实训2　蒜泥白肉

实训目标

❶ 养成良好的卫生习惯，并遵守行业规范。

❷ 掌握煮的烹调技法及操作要领。

❸ 能够按照制作工艺，在规定时间内完成蒜泥白肉的制作。

扫二维码
观看实训视频

实训描述

选用肥瘦相间的猪五花肉，经水煮断生、切片，肉片薄而大，蒜味浓郁，咸辣鲜香，并略有回甜。

实训要求

蒜味浓郁，咸辣鲜香。

实训准备

1. 设备与工具

操作台，菜墩，炉灶，菜刀，炒锅。

2．原料与用量

主料：猪五花肉500克。

配料：大蒜50克。

调料：辣椒油15克，精盐5克，味精2克，酱油15克，香油15克，葱段15克，姜片15克。

实训分解

环节一：煮肉

将猪五花肉刮洗干净，放入带有葱段、姜片的汤锅中，煮至断生后停火，在原汁中浸泡20分钟。

> ⊘ **知识链接1：猪五花肉**
>
> 猪五花肉又称肋条肉、三层肉，位于猪的腹部，猪腹部脂肪组织很多，其中又夹带着肌肉组织，肥瘦间隔，故称"五花肉"。它的肥肉遇热容易化，瘦肉久煮也不柴。

问题探究：煮肉时需用大火还是小火？为什么？

环节二：刀工处理

将煮好的猪五花肉切成7厘米长、3厘米宽的大薄片，码放整齐。大蒜斩成蓉备用。

环节三：兑汁

将蒜蓉和精盐、香油调匀，再加入酱油、辣椒油、味精兑成汁。

> ⊘ **知识链接2：本实训所用刀法**
>
> 刀工处理中运用直刀法中的推切刀法。
>
> 推切：运用推力切料的方法，刀刃垂直向下，向前运行。

> ⊘ **知识链接3：煮**
>
> 煮是将原料放置在锅中，加入适量的汤汁或水、调料，用大火煮沸后，再用小火煮熟。适用于体小、质软类的原料。

问题探究：为什么肉煮至断生即可？

环节四：成菜

上桌时，外带调味汁即可。

环节五：卫生整理

工具回收，卫生整理。

操作要领

❶ 煮肉时切忌用大火煮制。

❷ 切肉片要薄而均匀。

实训评价

请根据实训任务的完成情况或达标程度，赋予相应评价。

评价项目	学生自评	班组评价	教师评价
加工成形	□优秀 □良好 □合格 □不合格	□优秀 □良好 □合格 □不合格	□优秀 □良好 □合格 □不合格
工艺流程	□优秀 □良好 □合格 □不合格	□优秀 □良好 □合格 □不合格	□优秀 □良好 □合格 □不合格
水温控制	□优秀 □良好 □合格 □不合格	□优秀 □良好 □合格 □不合格	□优秀 □良好 □合格 □不合格
菜品质量	□优秀 □良好 □合格 □不合格	□优秀 □良好 □合格 □不合格	□优秀 □良好 □合格 □不合格
操作规范	□优秀 □良好 □合格 □不合格	□优秀 □良好 □合格 □不合格	□优秀 □良好 □合格 □不合格
卫生安全	□优秀 □良好 □合格 □不合格	□优秀 □良好 □合格 □不合格	□优秀 □良好 □合格 □不合格
签 名			

拓展提升

学会了制作此菜，运用煮的烹调方法还可以制作"白煮虾"等菜品。

实训练习

怎样挑选猪五花肉？

任务4 烹调方法"炸收"的应用

炸收，有些地区也称油焖、五香，是将经过清炸的半成品入锅，加适量汤水，酌情调味后，用中火或小火慢烧，至汤汁收干、原料回软入味时，出锅凉凉成菜的一种方法。

炸收菜肴色泽油润红亮，质地酥松、干香、化渣、利口不顶牙，味道多样。素料多选用豆制品和菌类，如豆腐干、豆筋、香菇、平菇等；荤料多选用质地细嫩且无筋的禽类、畜类、鱼类原料，如鸡肉、鸭肉、牛瘦肉、猪瘦肉、鲫鱼、草鱼、带鱼等。

 五香鲅鱼

实训目标

❶ 养成良好的卫生习惯，并遵守行业规范。

❷ 掌握炸收的烹调技法及五香鲅鱼的操作要领。

❸ 能够按照操作工艺，在规定时间内完成五香鲅鱼的制作。

扫二维码
观看实训视频

实训描述

五香鲅鱼是传统鲁菜中的凉菜，选用冰鲜鲅鱼，先初加工除去内脏洗净切块，腌制后高油温炸透，炒汁后倒入鱼块、五香粉，微火收汁淋花椒油倒出，上菜时装盘即可。

实训要求

色泽红亮，肉质柔韧。

实训准备

1. 设备与工具

操作台，炉灶，炒锅，手勺，漏勺，菜

墩，菜刀。

2．原料与用量

主料：鲅鱼500克。

调料：葱段25克，姜片20克，白糖30克，五香粉5克，精盐3克，料酒10克，酱油15克，植物油1000克，清汤750克。

实训分解

环节一：切配

将鲅鱼去内脏，斜刀切成1.5厘米厚的块，用酱油腌制10分钟备用。

知识链接1：怎样挑选冰鲜鲅鱼

在挑选冰鲜鲅鱼时。首先，观察鱼的外观，新鲜的鲅鱼通常具有明亮且有光泽的鱼鳞，鱼体表面应无明显的损伤或斑点。其次，检查鱼的眼睛，新鲜的鲅鱼眼睛应该是清澈且凸出的，而不是浑浊或凹陷的。再次，新鲜的鲅鱼鳃应该是鲜红色或粉红色，而不是暗淡或带有褐色。新鲜的鲅鱼应该只有淡淡的海腥味，如果有刺鼻的异味或氨水味，则表明鱼已经不新鲜。最后，触摸鱼肉的质地，新鲜的鲅鱼肉应该是紧实且有弹性的，而不是松软或黏滑的。

问题探究：鲅鱼的品质应该如何鉴定？

环节二：炸至定形

锅内放油，烧至200℃，下入鲅鱼片，炸至上色捞出，控油备用。

知识链接2：防止鲅鱼炸碎的方法

1．控制油温：在油炸过程中，应采用小火慢炸，以确保油温保持在适宜水平，避免过高。这样有助于逐步加热鲅鱼，使其均匀受热。

2．裹淀粉：在油炸之前，建议将鲅鱼裹上一层薄薄的淀粉。这层淀粉可以作为保护层，有效防止水分过快蒸发，从而保持鱼块的完整性。

3．控干水分：在油炸前，使用厨房用纸或干净的布轻轻吸干鲅鱼表面的多余水分。这样做可以减少油炸时油花四溅的风险，并降低鱼块碎裂的可能性。

环节三：收汁

锅内放底油，加白糖炒成糖色，加清汤、葱段、姜片、精盐、料酒、酱油，倒入鱼片后加入五香粉，微火收汁，淋上花椒油装盘即可。

环节四：卫生整理

进行工具回收与卫生整理。

操作要领

❶ 在炸制过程中，要注意控制好油温。油温过高会导致食材表面迅速焦黑，而内部未完全熟透；油温过低则会使食材吸收过多油脂，变得油腻且口感不佳。因此，要使用温度计或经验来判断油温是否合适。

❷ 收汁阶段是在炸制完成后，通过沥油、沥干等方法，去除多余的油脂，使食材更加酥脆可口。沥油时可以使用漏网或吸油纸，帮助去除表面多余的油脂。

❸ 炸收操作的关键在于控制好油温和沥油技巧，确保食材在炸制过程中达到最佳的口感和外观，同时在收汁阶段去除多余的油脂，使成品更加健康美味。

实训评价

请根据实训任务的完成情况或达标程度，赋予相应评价。

评价项目	学生自评	班组评价	教师评价
加工成形	□优秀 □良好 □合格 □不合格	□优秀 □良好 □合格 □不合格	□优秀 □良好 □合格 □不合格
工艺流程	□优秀 □良好 □合格 □不合格	□优秀 □良好 □合格 □不合格	□优秀 □良好 □合格 □不合格
油温火候	□优秀 □良好 □合格 □不合格	□优秀 □良好 □合格 □不合格	□优秀 □良好 □合格 □不合格
菜品质量	□优秀 □良好 □合格 □不合格	□优秀 □良好 □合格 □不合格	□优秀 □良好 □合格 □不合格

续表

评价项目	学生自评	班组评价	教师评价
操作规范	□优秀 □良好 □合格 □不合格	□优秀 □良好 □合格 □不合格	□优秀 □良好 □合格 □不合格
卫生安全	□优秀 □良好 □合格 □不合格	□优秀 □良好 □合格 □不合格	□优秀 □良好 □合格 □不合格
签　名			

拓展提升

学会了制作此菜，还可以运用炸收的烹调技法制作"糖酱鸡块"。

实训练习

如何炒糖色？

模块二

热菜制作

项目三　"水烹法"在菜肴制作中的应用

任务1　烹调方法"烧"的应用

烧是将加工整理、改刀成形并经熟处理（炸、煎、煸、煮或焯水）的原料，加适量汤汁和调味品，先用旺火烧沸，再用中或小火烧透至浓稠入味成菜的烹调方法。

按工艺特点和成菜风味，烧可分为红烧、白烧和干烧三大类。红烧是指将切配后的原料，经过焯水或炸、煎、炒、煸、蒸等方法制成半成品，放入锅中，加入鲜汤旺火烧沸，撇去浮沫，再加入调味品，如糖色、生抽、老抽等，改用中火或中小火，烧至熟软汁稠，勾芡（或不勾芡）收汁成菜的烹调方法；白烧与红烧在方法上基本相同，由于白烧菜肴颜色为白色故而得名；干烧是指在烧制过程中用中小火将汤汁自然收汁，使汤汁滋味渗入原料内部或黏附在原料表面的烹调方法，最大的特点是不勾芡。

采用烧的烹调方法制作菜肴，所用的原料都要采取相适应的初步熟处理方法。一般对特别新鲜的原料可采取煸炒的方法或可采取油炸的方法，以借助油温的高热，去除其异味；需要很长时间才能使之熟烂的原料则需要事先水煮成熟，例如，肚、大肠等一类原料，在使用前需要水煮，以达到所需要的成熟度。

 实训1　红烧茄子

实训目标

❶ 养成良好的卫生习惯，并遵守行业规范。
❷ 掌握此菜的操作要领及茄子的品质检验。
❸ 能够按照工艺，在规定时间内完成红烧茄子的制作。

扫二维码
观看实训视频

实训描述

红烧茄子是以烹调方法加主料命名的，此菜色泽红润，茄子软嫩，味咸中略有甜味，是一道历史久远的特色传统佳肴。北魏高阳太守贾思勰在《齐民要术·素食第八十七》中，记有烧茄子法。文记："焦茄子法：用子未成者，子成则不好也。以竹刀骨刀四破之，用铁则渝黑也。汤炸去腥气。细切葱白，熬油令香，苏弥好。香酱清，擘葱白与茄子共下。焦令熟，下椒、姜末。"从记载中可知其法精细。后来的红烧茄子，还加适量的白糖、酱油、精盐、肉末等，以调口味。

实训要求

色泽红亮，香滑软糯。

实训准备

1. 设备与工具

操作台，炉灶，炒锅，手勺，漏勺，菜墩，菜刀。

2. 原料与用量

主料：圆茄子500克。

调料：白糖5克，清汤150克，精盐3克，酱油10克，味精5克，葱15克，姜15克，八角1粒，蒜25克，湿淀粉15克，花椒油15克，植物油750克（约耗70克）。

实训分解

环节一：初加工处理及切配

❶ 将圆茄子去皮，切成1.5厘米厚的片，两面隔0.7厘米剞直刀，然后切成3.3厘米长、2厘米宽的菱形块。

❷ 葱切末，姜切米，蒜切片。

问题探究：为什么用圆茄子而不用长茄子？

环节二：炸制

炒锅放在中火上，加入植物油烧至200℃，放入茄块炸成金黄色捞出。

环节三：烧制

锅内加油放入八角炸香，加入葱、姜、蒜炝锅，放入清汤、酱油、精盐、白糖及炸好的茄块，在微火上烧3分钟，用湿淀粉勾芡，颠翻两下，放入味精，淋上花椒油。

环节四：装盘上桌

烧制完成后，盛入盘内上桌。

环节五：卫生整理

工具回收，卫生整理。

操作要领

❶ 茄子改刀要均匀。

❷ 炸制时油温必须控制在200℃。

实训评价

请根据实训任务的完成情况或达标程度，赋予相应评价。

评价项目	学生自评	班组评价	教师评价
加工成形	□优秀 □良好 □合格 □不合格	□优秀 □良好 □合格 □不合格	□优秀 □良好 □合格 □不合格
工艺流程	□优秀 □良好 □合格 □不合格	□优秀 □良好 □合格 □不合格	□优秀 □良好 □合格 □不合格
油温火候	□优秀 □良好 □合格 □不合格	□优秀 □良好 □合格 □不合格	□优秀 □良好 □合格 □不合格
菜品质量	□优秀 □良好 □合格 □不合格	□优秀 □良好 □合格 □不合格	□优秀 □良好 □合格 □不合格
操作规范	□优秀 □良好 □合格 □不合格	□优秀 □良好 □合格 □不合格	□优秀 □良好 □合格 □不合格
卫生安全	□优秀 □良好 □合格 □不合格	□优秀 □良好 □合格 □不合格	□优秀 □良好 □合格 □不合格
签　　名			

拓展提升

学会制作此菜，还可以运用烧的烹调技法制作"地三鲜"。

实训练习

茄子为什么要打花刀？

扫二维码
观看实训视频

实训2 红烧瓦块鱼

实训目标

❶ 养成良好的卫生习惯，并遵守行业规范。

❷ 掌握此菜的操作要领及鱼的品质检验。

❸ 能够按照制作工艺，在规定时间内完成红烧瓦块鱼的制作。

实训描述

红烧瓦块鱼是以烹调方法加主料形状命名的一道菜肴。

实训要求

色泽红亮，质地软嫩。

实训准备

1. 设备与工具

操作台，炉灶，炒锅，手勺，漏勺，菜墩，菜刀。

2. 原料与用量

主料：鲤鱼800克。

配料：猪五花肉50克。

调料：葱段25克，姜片15克，蒜片10克，八角5克，淀粉5克，料酒15克，酱油25克，精盐3克，味精2克，白糖2克，香油5克，清油1000克，清汤150克。

实训分解

环节一：初加工处理

将鲤鱼宰杀冲洗干净，片成两片，再改刀成瓦块状；猪五花肉切梳子片。

环节二：炸制

将鱼块放入盆内，加料酒、酱油腌渍，分散投入200℃的油锅内，炸成殷红色，倒出控净油。

> **知识链接：油温的分类**
>
> 1. 旺油锅：油温210～240℃，油面平静冒青烟，搅拌时有炸响声，适合火爆杂拌等菜肴，形成脆皮，防止碎烂。
>
> 2. 热油锅：油温130～180℃，油面有少量青烟，泡沫消失，搅拌时微响，适合干煸牛肉丝等菜肴，形成酥皮增香，保持完整。
>
> 3. 温油锅：油温60～120℃，油面微动伴泡沫，无青烟响声，适合熘鸡丝等菜肴，保持食材鲜嫩，去除多余水分。

问题探究： 鱼块为什么要分散投入200℃的油锅中炸制？

环节三：烧制

锅内加入清油，放入八角、葱段、姜片、蒜片、五花肉片煸炒出香，加入清汤、料酒、白糖、精盐、酱油、鱼块，旺火烧开，撇去浮沫，烧约5分钟，加入味精，用淀粉勾糊芡，淋香油。

环节四：装盘成形

装入汤盘中上桌即可。

环节五：卫生整理

工具回收，卫生整理。

操作要领

❶ 鱼改刀呈瓦块形。

❷ 炸制时油温必须控制在200℃。

实训评价

请根据实训任务的完成情况或达标程度，赋予相应评价。

评价项目	学生自评	班组评价	教师评价
加工成形	□优秀 □良好 □合格 □不合格	□优秀 □良好 □合格 □不合格	□优秀 □良好 □合格 □不合格
工艺流程	□优秀 □良好 □合格 □不合格	□优秀 □良好 □合格 □不合格	□优秀 □良好 □合格 □不合格

续表

评价项目	学生自评	班组评价	教师评价
油温火候	□优秀 □良好 □合格 □不合格	□优秀 □良好 □合格 □不合格	□优秀 □良好 □合格 □不合格
菜品质量	□优秀 □良好 □合格 □不合格	□优秀 □良好 □合格 □不合格	□优秀 □良好 □合格 □不合格
操作规范	□优秀 □良好 □合格 □不合格	□优秀 □良好 □合格 □不合格	□优秀 □良好 □合格 □不合格
卫生安全	□优秀 □良好 □合格 □不合格	□优秀 □良好 □合格 □不合格	□优秀 □良好 □合格 □不合格
签　名			

拓展提升

学会制作此菜，还可以运用烧的烹调技法制作"红烧鲳鱼"。

实训练习

红烧瓦块鱼为什么要勾芡？

任务2　烹调方法"扒"的应用

扒是指将初步处理好的原料，改刀成形，摆放整齐或摆成图案，加适量的汤汁和调味品，小火加热成熟，转勺勾芡，大翻勺后淋上明油拖入盘内的方法。

扒在具体操作中，根据原料的性质和所用的调味品颜色的不同，可分为红扒和白扒。红扒是为了突出酱油的口味和颜色，菜肴芡汁红亮；白扒不加有色调味品，调味以精盐为主，也可在汤汁中加入奶油或牛奶，成品芡汁色白而明亮。

采用扒的方法烹制菜肴，除了将原料直接摆入炒锅内，加汤和调味品，也可将加工成形的原料先整齐地摆入盘中，然后再推入炒锅内的汤汁中进行烹制。扒是烹制菜肴中较细致的一种烹调方法，刀工要求精细，原料成形要求整齐美观，勺工、刀法要求熟练，制成的菜肴装盘后，原料要有一个完整而美观的形状。

 香菇扒菜心

实训目标

① 养成良好的卫生习惯，并规范操作。

② 掌握芡汁的调制及扒制菜肴的操作要领。

③ 根据操作工艺，在规定时间内完成香菇扒菜心。

扫二维码
观看实训视频

实训描述

香菇扒菜心是以主料加烹调方法加配料命名的一道菜肴。

香菇扒菜心是山东菜品之一，色泽亮丽，口味清淡。采用扒的烹调方法制作而成。圆圆的香菇像是一枚枚的"钱币"，而一棵棵菜心好似树枝，又称"玉树挂金钱"，寓意招财进宝。

实训要求

菜色艳丽，口味咸鲜。

实训准备

1. 设备与工具

操作台，炉灶，炒锅，手勺，漏勺，菜墩，菜刀。

2. 原料与用量

主料：上海青500克。

配料：水发香菇100克。

调料：葱末5克，姜末5克，味精3克，精盐5克，料酒5克，湿淀粉5克，清油15克，清汤10克，香油5克。

实训分解

环节一：初加工处理及切配

将上海青择洗干净，水发香菇改刀备用。

环节二：扒制

将上海青焯水备用，锅内放底油，加入葱末和姜末炝锅，烹入料酒、清汤、精盐，将上海青和香菇整齐摆入锅内，烧开转勺，加味精调好口味，用湿淀粉勾芡，大翻勺淋

上香油。

环节三：装盘成形

盛入盘内上桌即可。

> ### 🔗 知识链接：勾芡后要淋油
>
> 在烹调中，明油亮芡，即在菜肴成熟时勾好芡以后，再淋入各种不同的调味油，使之融入芡内或附着于芡上，对菜肴起到增香、提鲜、上色、发亮的作用。

问题探究：大翻勺的操作要点有哪些？

环节四：卫生整理

卫生整理，工具摆放整齐。

操作要领

❶ 掌握上海青及香菇焯水的火候。

❷ 炝锅时，要热勺温油。

❸ 芡汁的稠稀度要适当。

实训评价

请根据实训任务的完成情况或达标程度，赋予相应评价。

评价项目	学生自评	班组评价	教师评价
加工成形	□优秀 □良好 □合格 □不合格	□优秀 □良好 □合格 □不合格	□优秀 □良好 □合格 □不合格
工艺流程	□优秀 □良好 □合格 □不合格	□优秀 □良好 □合格 □不合格	□优秀 □良好 □合格 □不合格
水温控制	□优秀 □良好 □合格 □不合格	□优秀 □良好 □合格 □不合格	□优秀 □良好 □合格 □不合格

续表

评价项目	学生自评	班组评价	教师评价
菜品质量	□优秀 □良好 □合格 □不合格	□优秀 □良好 □合格 □不合格	□优秀 □良好 □合格 □不合格
操作规范	□优秀 □良好 □合格 □不合格	□优秀 □良好 □合格 □不合格	□优秀 □良好 □合格 □不合格
卫生安全	□优秀 □良好 □合格 □不合格	□优秀 □良好 □合格 □不合格	□优秀 □良好 □合格 □不合格
签　名			

拓展提升

学会制作此菜，还可以运用扒的烹调技法制作"扒三白"。

实训练习

烧和扒的区别是什么？

 ## 扒羊肉条

实训目标

❶ 养成良好的卫生习惯，树立正确的职业道德。

❷ 掌握扒羊肉条的操作要领。

❸ 能够按照制作工艺，在规定时间完成扒羊肉条的制作。

扫二维码
观看实训视频

实训描述

扒羊肉条在味型和烹调方法上带有浓郁的鲁菜特色，色泽金红，味道浓香润口，且肉质松软如蓉，入口即化，是筵席上必不可缺的佳肴。

实训要求

浓香润口，质软如蓉。

实训准备

1. 设备与工具

操作台，菜墩，炉灶，菜刀，蒸车，码斗。

2. 原料与用量

主料：羊肋条肉500克。

调料：酱油10克，八角2克，葱段5克，
姜片5克，料酒10克，香油20克，味精3克，
湿淀粉15克。

实训分解

环节一：羊肉的初步处理

将羊肋条肉用水泡去血水，放入开水锅中煮熟，修整齐边缘部分备用，肉汤留用。

问题探究：羊肉如何去除膻味？

环节二：定形

将煮熟的羊肉横切成长10厘米的宽肉条，光面朝下，整齐地码放在碗内，而后炒锅
上火加底油，放入八角、葱段、姜片炸香后，加入酱油及煮熟的肉汤。

环节三：蒸制

将兑好的汤汁浇在定形后的羊肉上蒸20分钟取出。挑去上面的八角、葱段、姜片。

环节四：扒制

蒸好的羊肉条连同汤汁推入锅中，然后用火烧开，加入酱油、味精和料酒，加入湿
淀粉勾芡，大翻勺将整齐的一面朝上，淋香油，拖入盘中即可。

环节五：卫生整理

刷洗刀具，擦洗炉灶。

操作要领

❶ 羊肉要泡出血水，去除腥膻味。

❷ 炒制好的汤汁口味要略重。

❸ 扒制时翻勺要利索，防止散乱。

实训评价

请根据实训任务的完成情况或达标程度，赋予相应评价。

评价项目	学生自评	班组评价	教师评价
加工成形	□优秀 □良好 □合格 □不合格	□优秀 □良好 □合格 □不合格	□优秀 □良好 □合格 □不合格
工艺流程	□优秀 □良好 □合格 □不合格	□优秀 □良好 □合格 □不合格	□优秀 □良好 □合格 □不合格
蒸制效果	□优秀 □良好 □合格 □不合格	□优秀 □良好 □合格 □不合格	□优秀 □良好 □合格 □不合格
菜品质量	□优秀 □良好 □合格 □不合格	□优秀 □良好 □合格 □不合格	□优秀 □良好 □合格 □不合格
操作规范	□优秀 □良好 □合格 □不合格	□优秀 □良好 □合格 □不合格	□优秀 □良好 □合格 □不合格
卫生安全	□优秀 □良好 □合格 □不合格	□优秀 □良好 □合格 □不合格	□优秀 □良好 □合格 □不合格
签　　名			

拓展提升

制作扒羊肉条需要有较高的基本功，特别勺工要好，否则不易成形。也可以用同样的技法制作"扒牛舌"。

实训练习

如何鉴别山羊肉与绵羊肉？

任务3 烹调方法"煨"的应用

煨是将加工成形的主料经焯水处理后再用小火或微火长时间加热至软烂而成菜的烹调方法，是加热时间最长的烹调方法。根据调料的颜色不同，可以分为白煨和红煨。

煨的烹调方法制成的菜肴具有主料软烂、汤汁宽浓、鲜醇肥厚的特点。主要适用质地较粗老的动物性烹饪原料，如鸡、牛肉、羊肉、猪蹄、蹄筋等。

 红煨牛肉

实训目标

扫二维码
观看实训视频

❶ 养成良好的卫生习惯，并遵守行业规范。

❷ 掌握煨的烹调技法及操作要领。

❸ 能够按照制作工艺，在规定时间内完成红煨牛肉的制作。

实训描述

此菜是以牛肉改刀成块，用小火长时间煨至成熟的菜品。

实训要求

味道醇厚，软糯鲜香。

实训准备

1. 设备与工具

操作台，菜墩，炉灶，菜刀，砂锅，炒锅。

2. 原料与用量

主料：牛肋条肉1000克。

调料：葱白10克，花生油75克，香油1.5克，白胡椒粉0.5克，料酒5克，味精0.5克，八角1粒，大蒜10克，生姜10克，酱油30克，精盐5克，清汤250克。

实训分解

环节一：切配

将牛肉用清水洗净，切成3厘米见方的块。葱白、生姜、大蒜切片。

> **知识链接1：牛肋条肉**
>
> 　　牛肋条肉是牛肋骨部位的条状肉，质量好的牛肋条肉，瘦肉较多，脂肪较少，筋也较少。适合红烧或炖汤，也可以做烤肉。

　　问题探究：本菜品为什么要选牛肋条肉？

　　环节二：焯水

　　锅内放入清水，投入牛肉块，煮透，撇去血污，捞出洗净。

　　环节三：煨制

　　❶ 炒锅烧热，下花生油放入葱白、姜炒香，倒入牛肉块煸炒，加料酒、精盐、酱油，煸炒入味。

　　❷ 取砂锅用箅子垫底，将牛肉放在箅子上，再放入清汤及八角，上面盖一瓷盘，在旺火上烧开，转小火煨烂。

> **知识链接2：煨制注意事项**
>
> 　　1. 若食材中脂肪含量较低，可适当添加食用油进行煸炒，以促进油脂在炖煮过程中与汤汁融合，从而提升汤品的稠度。
>
> 　　2. 炖煮过程中应避免频繁揭开锅盖，以防止汤汁浓度降低和食材口感受损。

　　问题探究：煨菜为什么要用小火？

　　环节四：收汁成菜

　　将煨烂的牛肉去掉八角、姜、葱，倒入炒锅内，放蒜片、味精、白胡椒粉，收浓汤汁，淋香油即成。

　　环节五：卫生整理

　　工具回收，卫生整理。

操作要领

　　❶ 牛肉改刀成块要大小均匀。

　　❷ 牛肉煨制时一定要用小火。

实训评价

请根据实训任务的完成情况或达标程度，赋予相应评价。

评价项目	学生自评	班组评价	教师评价
加工成形	□优秀 □良好 □合格 □不合格	□优秀 □良好 □合格 □不合格	□优秀 □良好 □合格 □不合格
工艺流程	□优秀 □良好 □合格 □不合格	□优秀 □良好 □合格 □不合格	□优秀 □良好 □合格 □不合格
煨制火候	□优秀 □良好 □合格 □不合格	□优秀 □良好 □合格 □不合格	□优秀 □良好 □合格 □不合格
菜品质量	□优秀 □良好 □合格 □不合格	□优秀 □良好 □合格 □不合格	□优秀 □良好 □合格 □不合格
操作规范	□优秀 □良好 □合格 □不合格	□优秀 □良好 □合格 □不合格	□优秀 □良好 □合格 □不合格
卫生安全	□优秀 □良好 □合格 □不合格	□优秀 □良好 □合格 □不合格	□优秀 □良好 □合格 □不合格
签　名			

拓展提升

学会了制作此菜，还可以运用煨的烹调方法制作"萝卜煨羊肉""红煨甲鱼"等菜品。

实训练习

红煨牛肉的主料使用牛的哪个部位的肉最佳?

任务4 烹调方法"炖"的应用

炖是指经过加工处理的大块或整形原料，放入炖锅或其他陶瓷器皿中掺足热水（或热汤），用小火加热至熟软酥烂的烹调方法。原料成菜后多为汤菜，且不勾芡。

炖制菜肴具有汤多味鲜、原汁原味、形态完整、熟软酥烂的特点。适合炖制的原料以鸡、鸭、猪肉、牛肉为主。

此外，隔水炖是将原料处理后放入有汤汁的盛器内入笼蒸制，虽称为炖但属于蒸的技法。

 实训1 浓汤大豆腐

实训目标

❶ 养成良好的卫生习惯，并遵守行业规范。
❷ 掌握炖的烹调技法及操作要领。
❸ 能够按照制作工艺，在规定时间内完成浓汤大豆腐的制作。

扫二维码
观看实训视频

实训描述

浓汤大豆腐是以大豆腐、娃娃菜等为主要原料，以花生酱、味精、精盐等为调料制作的一道汤类美食。

实训要求

色泽明亮，汤汁香醇。

实训准备

1. 设备与工具

操作台，案板，炉灶，菜刀，菜墩。

2. 原料与用量

主料：大豆腐250克。

配料：娃娃菜500克。

调料：清汤1000克，味精5克，花生酱20克，面粉25克，大葱30克，精盐6克，猪油30克。

实训分解

环节一：原料初加工处理

将大豆腐掰成均匀的块，娃娃菜叶撕片，焯水备用，大葱切成末炸成金黄备用。

> ⊘ **知识链接1：娃娃菜和大白菜的区别**
>
> 娃娃菜和大白菜的区别主要在于价格不同、外形不同、颜色不同、口感不同、营养不同等几个方面。娃娃菜是大白菜的一个变种，并不是一种转基因蔬菜。

环节二：炖制

锅内放猪油，加入少许面粉微火炒至浓糊状，加入清汤、葱末、花生酱、精盐，放入娃娃菜、大豆腐炖5分钟，加入味精调好口味。

> ⊘ **知识链接2：花生酱**
>
> 花生酱，风味独特，营养价值较高。花生酱的色泽为黄褐色，质地细腻，味美，具有花生固有的浓郁香气，不发霉，不生虫。一般用作面条、馒头、面包或凉拌菜等的辅料，也是作甜饼、甜包子等馅心的配料。

问题探究：花生酱在本菜品中起到什么作用？

环节三：装盘

装入汤碗即可。

环节四：卫生整理

工具回收，卫生整理。

操作要领

❶ 豆腐掰块要均匀。

❷ 炒面粉时要注重油温。

❸ 炖的过程中，要掌握好火候。

实训评价

请根据实训任务的完成情况或达标程度，赋予相应评价。

评价项目	学生自评	班组评价	教师评价
加工成形	□优秀 □良好 □合格 □不合格	□优秀 □良好 □合格 □不合格	□优秀 □良好 □合格 □不合格
工艺流程	□优秀 □良好 □合格 □不合格	□优秀 □良好 □合格 □不合格	□优秀 □良好 □合格 □不合格
油温火候	□优秀 □良好 □合格 □不合格	□优秀 □良好 □合格 □不合格	□优秀 □良好 □合格 □不合格
菜品质量	□优秀 □良好 □合格 □不合格	□优秀 □良好 □合格 □不合格	□优秀 □良好 □合格 □不合格
操作规范	□优秀 □良好 □合格 □不合格	□优秀 □良好 □合格 □不合格	□优秀 □良好 □合格 □不合格
卫生安全	□优秀 □良好 □合格 □不合格	□优秀 □良好 □合格 □不合格	□优秀 □良好 □合格 □不合格
签　名			

拓展提升

学会了制作此菜，还可以运用炖的烹调技法制作"海米炖冬瓜"。

实训练习

豆腐为何要焯水？

实训2　萝卜炖羊肉

实训目标

扫二维码
观看实训视频

❶ 养成良好的职业操作规范，提升职业素养。

❷ 了解羊肉的质地和相关的知识点。

❸ 能够按照制作工艺，在规定时间内完成萝卜炖羊肉的制作。

实训描述

　　萝卜炖羊肉是我国传统美食文化中的佳肴之一。它以羊肉和萝卜为主料，经过小火慢炖使羊肉的鲜美与萝卜的甘甜融合在一起，成为一道滋味独特、营养丰富的美食。

实训要求

　　汤清味醇，肉质软烂。

实训准备

　　1. 设备与工具

　　操作台，菜墩，炉灶，菜刀，汤锅。

　　2. 原料与用量

　　主料：羊肉500克。

　　配料：白萝卜400克。

　　调料：精盐6克，味精3克，白芷2克，花椒1克，八角2克，葱片、姜片各5克。

实训分解

　　环节一：原料切配

　　羊肉改刀成1.5厘米见方的块，白萝卜去皮切滚刀块。

　　问题探究：为什么羊肉适宜与白萝卜搭配烹制？

　　环节二：原料的初加工处理

　　锅内加入凉水，下入切好的羊肉，小火焯水，撇净血沫，捞出备用；白萝卜开水下锅焯水，捞出备用。

知识链接：羊肉的焯水

动物性的原料在焯水时应凉水下锅，使其肉中的血沫充分排出，去掉一部分腥膻味。

环节三：烹调

将焯好水的白萝卜和羊肉放入炖锅内加入凉水，放入葱片、姜片、白芷、花椒和八角，用大火烧开转小火慢炖30分钟，加入精盐、味精调味，装盘即可。

环节四：卫生整理

清洁卫生，工具回收。

操作要领

❶ 羊肉的焯水必须冷水下锅。

❷ 炖制时要用小火慢炖。

❸ 出锅时再放精盐调味。

实训评价

请根据实训任务的完成情况或达标程度，赋予相应评价。

评价项目	学生自评	班组评价	教师评价
加工成形	□优秀 □良好 □合格 □不合格	□优秀 □良好 □合格 □不合格	□优秀 □良好 □合格 □不合格
工艺流程	□优秀 □良好 □合格 □不合格	□优秀 □良好 □合格 □不合格	□优秀 □良好 □合格 □不合格
水温控制	□优秀 □良好 □合格 □不合格	□优秀 □良好 □合格 □不合格	□优秀 □良好 □合格 □不合格
菜品质量	□优秀 □良好 □合格 □不合格	□优秀 □良好 □合格 □不合格	□优秀 □良好 □合格 □不合格

续表

评价项目	学生自评	班组评价	教师评价
操作规范	□优秀 □良好 □合格 □不合格	□优秀 □良好 □合格 □不合格	□优秀 □良好 □合格 □不合格
卫生安全	□优秀 □良好 □合格 □不合格	□优秀 □良好 □合格 □不合格	□优秀 □良好 □合格 □不合格
签　名			

拓展提升

萝卜炖羊肉是一道较为大众的菜肴，在当今人们物质生活相对丰盛时，可在商务宴中用位餐形式体现出来，每位三块萝卜两块羊肉盛入汤盅内会提升此菜的价值。

实训练习

萝卜炖羊肉的主料选择羊的什么部位最佳？

任务5 烹调方法"烩"的应用

烩是指将多种易熟或初步熟处理的小型原料一起放入锅内，加入鲜汤、调味品用中火加热，烧沸入味后勾芡成菜的烹调方法。根据汤汁色泽不同，分为红烩和白烩两种。

烩制菜肴具有用料多种、汁宽芡厚、色泽艳丽、菜汁合一、清淡咸鲜、软滑爽口的特点。适合烩制的原料以鸡肉、鱼肉、虾仁、鲍鱼、鱼肚、海参、鱿鱼、乌鱼蛋、鸡蛋、冬笋、蘑菇、火腿、木耳、蚕豆、番茄等为主。

 实训1 烩乌鱼蛋

实训目标

❶ 养成良好的卫生习惯，并遵守行业规范。

❷ 掌握烩的烹调方法及操作要领。

❸ 能够按照制作工艺，在规定时间内完成烩乌鱼蛋的制作。

扫二维码
观看实训视频

实训描述

烩乌鱼蛋是山东地区特色传统菜肴。此菜具有酸辣鲜香、开胃利口、汤色浅黄、质感软嫩的特点。

实训要求

酸辣鲜香，质感软嫩。

实训准备

1. 设备与工具

操作台，菜墩，炉灶，汤锅，菜刀。

2. 原料与用量

主料：乌鱼蛋100克。

调料：醋15克，香菜末3克，绍酒7克，胡椒粉0.5克，精盐3克，姜汁15克，味精3克，酱油10克，湿淀粉75克，鸡汤1000克，熟鸡油10克。

实训分解

环节一：初加工处理

先把乌鱼蛋用清水洗一洗，剥去脂皮，放在凉水锅里，在旺火上烧开后，离火浸泡6小时。然后把乌鱼蛋一片片地揭开，放进凉水锅里，在旺火上烧至八成开时，换成凉水再烧。如此，反复五六次，去掉其咸腥味。

> ✏ **知识链接1：了解"乌鱼蛋"**
>
> 　　乌鱼蛋，由雌乌贼的缠卵腺加工制成的，它含有大量蛋白质，产于我国山东青岛、烟台等地，一向被视为海味珍品。清代乾隆年间诗人及美食家袁枚，在《随园食单》中记载了该菜的制法："乌鱼蛋最鲜，最难服事。须河水滚透，撤沙去臊，再加鸡汤、蘑菇煨烂。龚云岩司马家制之最精。"可见，这是一道历史悠久的名菜。

问题探究：为什么乌鱼蛋在处理过程中不宜大火煮制？

环节二：制作成菜

将汤锅置于旺火上，放入鸡汤、乌鱼蛋、酱油、绍酒、姜汁、精盐和味精。待汤烧开后，撇去浮沫，加入湿淀粉，搅拌均匀，再放入醋和胡椒粉，搅两下，淋入熟鸡油，倒在碗内，撒上香菜末即成。

> **📎 知识链接2：烩制勾芡技巧**
>
> 勾芡作为烩菜制作过程中的关键步骤，要求勾出的芡汁要薄而均匀，以确保汤汁略微稠密，防止食材完全沉没于底部。完成勾芡后，汤汁应呈现出流畅的直线状，其浓度应高于米汤。在下芡时，必须保持火力旺盛，确保汤汁沸腾，并迅速搅拌，以促使淀粉充分糊化，避免形成颗粒状的结块。

问题探究：为什么要后加醋？

环节三：卫生整理

工具回收，卫生整理。

操作要领

乌鱼蛋初加工时一定不要大火煮制，要少煮多焖。

实训评价

请根据实训任务的完成情况或达标程度，赋予相应评价。

评价项目	学生自评	班组评价	教师评价
加工成形	□优秀 □良好 □合格 □不合格	□优秀 □良好 □合格 □不合格	□优秀 □良好 □合格 □不合格
工艺流程	□优秀 □良好 □合格 □不合格	□优秀 □良好 □合格 □不合格	□优秀 □良好 □合格 □不合格
勾芡技巧	□优秀 □良好 □合格 □不合格	□优秀 □良好 □合格 □不合格	□优秀 □良好 □合格 □不合格
菜品质量	□优秀 □良好 □合格 □不合格	□优秀 □良好 □合格 □不合格	□优秀 □良好 □合格 □不合格

续表

评价项目	学生自评	班组评价	教师评价
操作规范	□优秀 □良好 □合格 □不合格	□优秀 □良好 □合格 □不合格	□优秀 □良好 □合格 □不合格
卫生安全	□优秀 □良好 □合格 □不合格	□优秀 □良好 □合格 □不合格	□优秀 □良好 □合格 □不合格
签　名			

拓展提升

学会了制作此菜，还可以运用此技法制作"烩鸽雏"等菜品。

实训练习

怎么挑选乌鱼蛋？

 实训2　捶烩鸡片

实训目标

❶ 养成良好的卫生习惯，并遵守行业规范。

❷ 掌握捶制菜肴的操作要领。

❸ 能够按照制作工艺，在规定时间内完成捶烩鸡片的制作。

扫二维码
观看实训视频

实训描述

捶烩鸡片是以烹调方法加主料形状命名的一道菜肴。

捶烩鸡片是山东传统名菜。早在《礼记·内则》中就有记载，名曰"捣珍"。其制作方法是："取牛、羊、麋、鹿、麕之肉，必脄，每物与牛若一，捶反侧之，去其饵，孰，出之，去其皽，柔其肉。"所制之品被誉为周代"八珍"之一，是周朝御膳宫宴中的美味佳肴。如今流传于胶东地区各地的"捶烩鸡片"较完整地保留了这一古老的烹调技艺，不过在用料上已改为鸡胸脯肉，制作也更为精细。

实训要求

洁白光亮，软嫩滑爽。

实训准备

1. 设备与工具

操作台，炉灶，炒锅，手勺，漏勺，菜墩，菜刀。

2. 原料与用量

主料：鸡脯肉300克。

配料：笋50克，水发香菇30克，火腿30克，菜心35克。

调料：葱5克，姜5克，味精3克，清汤250克，料酒15克，精盐3克，淀粉50克，色拉油50克，葱油15克。

实训分解

环节一：初加工处理

将水发香菇切片，笋、火腿均切成菱形片，菜心一片两开，葱、姜切米。

环节二：捶鸡片

将鸡脯肉剔净脂皮、白筋，片成0.5厘米厚的大片，将淀粉撒在鸡片上，用擀面杖将鸡脯肉片逐片捶至0.2厘米厚的薄片，然后改刀成菱形片。

> **◎ 知识链接：捶鸡片的技巧**
>
> 案板上撒一层淀粉，鸡片均匀撒上淀粉，用擀面杖边捶边撒，不停地翻动。

问题探究：鸡脯肉为什么要去除筋皮？

环节三：汆制

锅中放入清水烧开，将捶过的鸡片下入沸水中汆透至熟，捞出控净水分；再将笋片、水发香菇片、火腿片、菜心焯水捞出备用。

环节四：烹制

炒锅内加色拉油，投入葱、姜米炒香，将笋片、水发香菇片下入锅中煸炒，烹入料酒，加入清汤、精盐、味精、菜心、火腿片烧开；撇净浮沫，将鸡片放入，汤汁烧开，用湿淀粉勾芡，淋上葱油。

环节五：装盘上桌

盛入汤盘内，上桌。

环节六：卫生整理

工具回收，卫生整理。

操作要领

❶ 鸡脯肉要去净筋皮。

❷ 捶鸡片要用力均匀，不可捶破。

❸ 用湿淀粉勾芡时，锅内汤汁不能沸腾。

实训评价

请根据实训任务的完成情况或达标程度，赋予相应评价。

评价项目	学生自评	班组评价	教师评价
加工成形	□优秀 □良好 □合格 □不合格	□优秀 □良好 □合格 □不合格	□优秀 □良好 □合格 □不合格
工艺流程	□优秀 □良好 □合格 □不合格	□优秀 □良好 □合格 □不合格	□优秀 □良好 □合格 □不合格
捶鸡片质量	□优秀 □良好 □合格 □不合格	□优秀 □良好 □合格 □不合格	□优秀 □良好 □合格 □不合格
菜品质量	□优秀 □良好 □合格 □不合格	□优秀 □良好 □合格 □不合格	□优秀 □良好 □合格 □不合格
操作规范	□优秀 □良好 □合格 □不合格	□优秀 □良好 □合格 □不合格	□优秀 □良好 □合格 □不合格
卫生安全	□优秀 □良好 □合格 □不合格	□优秀 □良好 □合格 □不合格	□优秀 □良好 □合格 □不合格
签　名			

拓展提升

学会了制作此菜，还可以运用捶烩的烹调技法制作"捶烩虾片"。

实训练习

如何捶制鸡片使其厚薄均匀？

任务6 烹调方法"焖"的应用

焖是将经炸、煸、煎、炒、焯水等初步熟处理的原料，掺入汤汁旺火烧沸，撇去浮沫，放入调味品，加盖用小火或中火慢烧使之成熟并收汁浓稠成菜的烹调方法。

焖的烹调方法根据其色泽和调味的不同，可分为黄焖、红焖、油焖三种，其中黄焖菜肴一般以醇厚咸香的咸鲜味为主，红焖菜肴一般以味醇微辣的家常味为主，油焖菜肴则以色泽自然、清香鲜美的咸鲜味为主。

 实训1 黄焖鸡块

实训目标

❶ 养成良好的卫生习惯，并遵守行业规范。

❷ 掌握黄焖的烹调方法及操作要领。

❸ 能够按照操作要求，在规定时间内完成黄焖鸡块的制作。

扫二维码
观看实训视频

实训描述

黄焖鸡块是山东传统菜品，历史悠久，风味独特。

实训要求

肉质软烂，香气浓郁。

实训准备

1. 设备与工具

操作台，炉灶，炒锅，手勺，漏勺，菜墩，菜刀。

2. 原料与用量

主料：白条鸡750克。

配料：葱段10克，姜片10克。

调料：甜面酱50克，酱油25克，精盐3克，白糖3克，味精3克，料酒15克，八角5克，清油75克，清汤300克，香油5克。

实训分解

环节一：原料初加工处理及切配

白条鸡洗净剁去嘴、爪尖、翅尖、尾腺、肺，剁成3厘米见方的块，放入开水锅内焯过，捞出控水。

> **知识链接1：剁的方法及规格**
>
> 1. 剁又称斩，是刀刃与墩面或原料基本保持垂直的刀法，但剁的用力比其他刀法大。
> 2. 操作方法：左手拿住原料，右手持刀，对准原料垂直用力剁下。
> 3. 剁成3厘米见方，大小均匀的块。

问题探究：黄焖鸡的制法在教学中和小吃店有什么区别？

环节二：烹调焖制

锅内加清油烧热，加入八角、葱段、姜片炝锅，加入甜面酱炒香，倒入鸡块翻炒，加入酱油、料酒、白糖、清汤、味精、精盐调好颜色，烧沸后加盖，焖15分钟，用大火将汁收至浓稠，淋香油，装盘即可。

> **知识链接2：甜面酱简介**
>
> 甜面酱又称甜酱，是以面粉为主要成分，通过制曲和保温发酵过程制作而成的传统酱类调味品。它融合了甜味与咸味，散发出浓郁的酱香和酯香。甜面酱广泛应用于烹饪中的酱爆和酱烧技法，例如制作酱爆肉丁、酱爆鸡丁、京酱肉丝等菜肴。此外，它也是蘸食大葱、黄瓜、烤鸭等食品的绝佳选择。

问题探究：制作黄焖鸡块为什么先调色后调味？

环节三：卫生整理

工具回收，卫生整理。

操作要领

❶ 黄焖注重火工，焖制时，宜用微火。

❷ 黄焖菜烹制时加有色调料的量应恰如其分。

❸ 制作黄焖菜时掺汤量以淹没主料为宜。

实训评价

请根据实训任务的完成情况或达标程度，赋予相应评价。

评价项目	学生自评	班组评价	教师评价
加工成形	□优秀 □良好 □合格 □不合格	□优秀 □良好 □合格 □不合格	□优秀 □良好 □合格 □不合格
工艺流程	□优秀 □良好 □合格 □不合格	□优秀 □良好 □合格 □不合格	□优秀 □良好 □合格 □不合格
加水量控制	□优秀 □良好 □合格 □不合格	□优秀 □良好 □合格 □不合格	□优秀 □良好 □合格 □不合格
菜品质量	□优秀 □良好 □合格 □不合格	□优秀 □良好 □合格 □不合格	□优秀 □良好 □合格 □不合格
操作规范	□优秀 □良好 □合格 □不合格	□优秀 □良好 □合格 □不合格	□优秀 □良好 □合格 □不合格
卫生安全	□优秀 □良好 □合格 □不合格	□优秀 □良好 □合格 □不合格	□优秀 □良好 □合格 □不合格
签　　名			

拓展提升

学会了制作此菜，还可以运用焖的烹调技法制作"黄焖鸭"等。

实训练习

焖的烹调技法分为几种?

 实训2 酱焖甲鱼

实训目标

❶ 养成良好的习惯,并遵守行业规范。

❷ 掌握甲鱼的相关原料知识以及初步加工的处理方法。

❸ 能够按照操作流程,在规定时间内完成酱焖甲鱼的制作。

扫二维码
观看实训视频

实训描述

甲鱼是鳖的俗称,属于两栖类的卵生动物。1684年,康熙在肃清劲敌理顺朝务后,为了解民情,进行河防治理,从京杭大运河南下途经东昌府,山东巡抚徐旭龄率地方大员迎驾至光岳楼。晚宴中,当地的厨师制作的一道酱焖甲鱼博得龙颜大悦、备受赞美,而后流传于民间。

实训要求

浓香醇厚,肉质软烂。

实训准备

1. 设备与工具

菜墩,菜刀,砂锅,炉灶。

2. 原料与用量

主料:甲鱼1只(约750克)。

配料:葱段15克,姜片10克,蒜片10克。

调料:甜面酱50克,料酒15克,酱油15克,白糖3克,清油50克,花椒油5克,精盐3克,味精3克,高汤750克。

实训分解

环节一:甲鱼宰杀

将甲鱼掀翻,待其翻身露出脖子时,迅速剁掉甲鱼头、放血,在裙边处用刀将盖子划开,取出内脏清洗干净。

知识链接：甲鱼的形态特征

　　甲鱼外形椭圆，比龟更扁平，头前端瘦削、眼小，瞳孔圆形。雌性甲鱼尾较短，雄性甲鱼尾较长。

问题探究：甲鱼的胆可以食用吗？

环节二：初加工处理

　　将甲鱼放入开水锅中，烫约2分钟，捞出放入温水中，去净外表黑皮，剁去爪尖，清洗干净，剁成3厘米见方的块，焯水过凉。

环节三：烹调

　　锅内放清油，下入葱段、姜片、蒜片炝锅，加入甜面酱炒香，烹入料酒，加入高汤、酱油、白糖、精盐烧开后放入甲鱼块，盖上锅盖，焖至成熟，再用大火将汁收浓，加味精，淋花椒油，装盘即可。

环节四：卫生整理

　　清洗工具，回收原位，擦洗炉灶。

操作要领

❶ 甲鱼宰杀要干净利索。

❷ 甲鱼的外表黑皮要去彻底。

❸ 收汁要浓。

实训评价

　　请根据实训任务的完成情况或达标程度，赋予相应评价。

评价项目	学生自评	班组评价	教师评价
加工成形	□优秀 □良好 □合格 □不合格	□优秀 □良好 □合格 □不合格	□优秀 □良好 □合格 □不合格
工艺流程	□优秀 □良好 □合格 □不合格	□优秀 □良好 □合格 □不合格	□优秀 □良好 □合格 □不合格

续表

评价项目	学生自评	班组评价	教师评价
油温火候	□优秀 □良好 □合格 □不合格	□优秀 □良好 □合格 □不合格	□优秀 □良好 □合格 □不合格
菜品质量	□优秀 □良好 □合格 □不合格	□优秀 □良好 □合格 □不合格	□优秀 □良好 □合格 □不合格
操作规范	□优秀 □良好 □合格 □不合格	□优秀 □良好 □合格 □不合格	□优秀 □良好 □合格 □不合格
卫生安全	□优秀 □良好 □合格 □不合格	□优秀 □良好 □合格 □不合格	□优秀 □良好 □合格 □不合格
签　名			

拓展提升

结合酱焖甲鱼的技法，还可以做"酱焖鲅鱼""酱焖鲳鱼""酱焖黄花鱼"等。

实训练习

甲鱼苦胆可以食用吗？

任务7　烹调方法"氽"的应用

氽是指将加工切配的原料上浆或不上浆，或是呈丸状的半成品，放入鲜汤或沸水内迅速加热至熟成菜的烹调方法。

氽按照操作方法可以分为两种：一种是先将汤用急火烧开，投入原料、调味品，再用急火烧开，打去浮沫（不勾芡），原料成熟即可。此种氽法适用于小型或经过刀工处理加工成的片、丝、丁、丸子状的鲜嫩原料，如爽口丸子、榨菜肉丝汤等。另一种是先将原料用沸水烫至九成熟捞出，控净血水倒入碗内，再将调好口味的沸鲜汤冲上即成。此种氽法适于用质地脆嫩而本身略带异味的原料制作汤菜，又称"汤爆"，如汤爆肚、汤爆双脆、氽腰花、氽鱿鱼花等。此法操作时动作要求迅速，对火候要求极高。

汆制菜肴具有汤宽量多、滋味醇和清鲜、质地细嫩爽口的特点。适合汆制的原料有鸡肉、鱼肉、虾仁、牛肉、肝、腰、猪肉、冬笋、蘑菇、番茄以及时鲜蔬菜等。

 实训1 清汆鸡丸

实训目标

❶ 养成良好的卫生习惯，并遵守行业规范。

❷ 掌握清汆的烹调技法及清汆的操作要领。

❸ 能够按照操作要求，在规定时间内完成清汆鸡丸的制作。

扫二维码
观看实训视频

实训描述

清汆鸡丸选用清汤烹制，鲁菜以汤为百鲜之源，讲究"清汤""奶汤"的调制，清浊分明，取其清鲜。清汤的制法，早在《齐民要术》中已有记载。用"清汤"和"奶汤"制作的菜品繁多，名菜就有清汤全家福、清汤燕窝、汆芙蓉黄管、奶汤蒲菜、汤爆双脆等，多被列为高档筵宴的珍馐美味。

实训要求

鸡丸鲜嫩，汤清味美。

实训准备

1. 设备与工具

操作台，炉灶，炒锅，手勺，漏勺，菜墩，菜刀。

2. 原料与用量

主料：鸡脯肉300克。

配料：香菜末5克，鸡蛋清2个。

调料：精盐6克，料酒15克，葱姜水150克，淀粉50克；味精3克，清汤1000克，香油3克。

实训分解

环节一：制蓉调味

将鸡脯肉用刀背砸成细蓉，放入盆中顺一个方向边搅边加入葱姜水，至肉蓉黏稠，放入鸡蛋清、料酒，继续搅动，最后放入湿淀粉、精盐，搅到上劲备用。

> **知识链接1：鸡肉制蓉的特点**
>
> 1. 黏性大，可塑性强，易于菜肴的造型。
> 2. 既可单独成菜，也可作为其他菜肴定形的黏合剂，丰富菜肴品种。
> 3. 易于成熟，缩短了烹调时间。
> 4. 便于食用，利于消化。

问题探究：鸡蓉还可以做什么菜品？

环节二：氽制烹调

锅内加入清汤，烧至微沸，将鸡蓉逐个挤成直径2厘米的丸子，放入锅内，烧开后撇去浮沫，至丸子成熟后加精盐、料酒、味精调味，捞出装入盛器内，撒香菜末，滴香油即可。

> **知识链接2：蓉泥制作要领**
>
> 1. 在蓉泥调制过程中，搅拌方向始终朝一个方向，才能逐渐上劲。
> 2. 在调制蓉泥时，葱姜水、料酒、鸡蛋清等液体调味料要分次添加。

问题探究：你在制作蓉泥过程遇到什么问题了吗？你是如何解决的？

环节三：卫生整理

工具回收，卫生整理。

操作要领

❶ 搅拌鸡蓉时要顺时针搅拌，直到鸡蓉上劲，这样丸子才能成形且不易散开。

❷ 下鸡蓉丸子时水温不要太高，锅底微微冒泡即可，避免水温过高导致鸡蓉丸子散开。

❸ 煮鸡蓉丸子时撇去浮沫，保持汤的清澈。

实训评价

请根据实训任务的完成情况或达标程度，赋予相应评价。

评价项目	学生自评	班组评价	教师评价
加工成形	□优秀 □良好 □合格 □不合格	□优秀 □良好 □合格 □不合格	□优秀 □良好 □合格 □不合格
工艺流程	□优秀 □良好 □合格 □不合格	□优秀 □良好 □合格 □不合格	□优秀 □良好 □合格 □不合格
水温控制	□优秀 □良好 □合格 □不合格	□优秀 □良好 □合格 □不合格	□优秀 □良好 □合格 □不合格
菜品质量	□优秀 □良好 □合格 □不合格	□优秀 □良好 □合格 □不合格	□优秀 □良好 □合格 □不合格
操作规范	□优秀 □良好 □合格 □不合格	□优秀 □良好 □合格 □不合格	□优秀 □良好 □合格 □不合格
卫生安全	□优秀 □良好 □合格 □不合格	□优秀 □良好 □合格 □不合格	□优秀 □良好 □合格 □不合格
签　名			

拓展提升

以蓉泥做筵席菜品时，操作者应首先提升食材的品质，用虾仁、鱼肉等更高档的食材作为主料；提升外形美观度，可制作更加精致的造型菜品提高筵席档次。

实训练习

选用鸡身上哪个部位的肉较好？

任务8　烹调方法"煮"的应用

煮是指将原料或经过初步熟处理的半成品切配后放入多量的汤汁中，先用旺火烧沸，再用中火或小火烧熟、调味成菜的烹调方法。煮制的菜肴具有汤宽汁浓、汤菜合一、口味香鲜的特点。鱼肉、猪肉、豆制品、蔬菜等类原料适合制作煮制菜肴。

 实训　**水煮肉片**

实训目标

❶ 养成良好的卫生习惯，并遵守行业规范。

❷ 掌握水煮的烹调技法及操作要领。

❸ 能够按照制作工艺，在规定时间内完成水煮肉片的制作。

扫二维码
观看实训视频

实训描述

水煮肉片起源于四川，是川菜中的家常菜品，肉片上浆后水煮而成。

实训要求

肉嫩菜鲜，汤红油亮，麻辣味浓。

实训准备

1. 设备与工具

操作台，案板，炉灶，菜刀，菜墩。

2. 原料与用量

主料：精肉200克。

配料：白菜叶250克，蛋清1个，葱花10克。

调料：精盐4克，料酒15克，味精3克，淀粉10克，花椒面10克，辣椒面15克，郫县豆瓣酱50克，清油150克，清汤500克，蒜末10克。

实训分解

环节一：切配

将精肉切成薄片放入盆内，白菜叶撕成大块，香菜切段备用。

🔖 知识链接：出肉加工的关键

在进行肉类加工时，首先必须深入了解和熟悉水产品、家禽以及家畜等烹饪原料的生理组织结构，包括肌肉和骨骼的分布，以确保技术的精准应用。同时，应根据烹饪和食用的具体需求，对烹饪原料进行精确处理。此外，提升烹饪原料的出成率至关重要，这涉及对下脚料的充分利用，从而最大化原料的使用效率，减少浪费，确保每一部分原料都得到最佳利用。

问题探究：选用猪身上哪个部位的肉最好？

环节二：上浆

肉片加蛋清、料酒、淀粉、精盐，用手抓匀上浆后静置片刻。

环节三：烹调

锅内加入清油，放入豆瓣酱炒出红油，加入清汤、精盐、料酒、味精调好味，放入白菜叶煮熟，捞出装入盆内，汤烧至微开倒入肉片，滑开后撇去浮沫加精盐、味精调好口味，倒在白菜叶的上面，撒上辣椒面、花椒面、蒜末。

环节四：成形装盘

锅内加入清油100克，烧至200℃，浇在蒜末上，撒上香菜即可。

问题探究：还可以用什么原料替代白菜叶？

操作要领

❶ 肉片要厚薄均匀。

❷ 肉片上浆稀稠度要适中。

❸ 豆瓣酱要炒出红油。

实训评价

请根据实训任务的完成情况或达标程度，赋予相应评价。

评价项目	学生自评	班组评价	教师评价
加工成形	□优秀 □良好 □合格 □不合格	□优秀 □良好 □合格 □不合格	□优秀 □良好 □合格 □不合格

续表

评价项目	学生自评	班组评价	教师评价
工艺流程	□优秀 □良好 □合格 □不合格	□优秀 □良好 □合格 □不合格	□优秀 □良好 □合格 □不合格
水温控制	□优秀 □良好 □合格 □不合格	□优秀 □良好 □合格 □不合格	□优秀 □良好 □合格 □不合格
菜品质量	□优秀 □良好 □合格 □不合格	□优秀 □良好 □合格 □不合格	□优秀 □良好 □合格 □不合格
操作规范	□优秀 □良好 □合格 □不合格	□优秀 □良好 □合格 □不合格	□优秀 □良好 □合格 □不合格
卫生安全	□优秀 □良好 □合格 □不合格	□优秀 □良好 □合格 □不合格	□优秀 □良好 □合格 □不合格
签　名			

拓展提升

学会了制作此菜，还可以运用水煮的烹调技法制作"水煮鱼片"。

实训练习

猪肉应该怎样去辨别是否新鲜？

任务9　烹调方法"熠"的应用

熠是指将加工成形的原料加调味品拌渍入味，挂糊后入锅，煎至两面呈金黄色后再加调味品和少量汤汁，用小火收浓汤汁，淋明油成菜的烹调方法。

熠制的菜肴具有色泽金黄、质地软嫩、滋味醇厚的特点，适用于猪肉、鱼、虾、鸡、豆腐等原料。

扫二维码
观看实训视频

实训1 锅㸌豆腐

实训目标

❶ 养成良好的卫生习惯，并遵守行业规范。

❷ 掌握拍粉拖蛋的工艺及锅㸌类菜肴的操作要领。

❸ 能够按照制作工艺，在规定时间内完成锅㸌豆腐的制作。

实训描述

锅㸌豆腐是以烹调方法加主料命名的一道菜肴。锅㸌是鲁菜独有的一种烹调方法，锅㸌豆腐是鲁菜的一道特色名菜。早在明代山东济南就出现了锅㸌豆腐，此菜到了清乾隆年间荣升宫廷菜。

实训要求

色泽金黄，软嫩鲜咸。

实训准备

1. 设备与工具

操作台，炉灶，炒锅，手勺，漏勺，菜墩，菜刀。

2. 原料与用量

主料：千层豆腐300克。

配料：香菜段10克，面粉75克，鸡蛋2个。

调料：葱25克，姜25克，精盐3克，味精2克，料酒15克，香油10克，清汤100克，清油150克。

实训分解

环节一：初步加工处理

将千层豆腐切成4厘米长、3厘米宽的片，放入开水锅内煮约3分钟，倒出过凉，用精盐略腌。葱、姜切丝。

环节二：煎制

将锅用清油115克烧热滑好，放在微火上，将豆腐逐块先拍一层面粉，再裹匀蛋液，整齐地排入锅内，煎至两面呈金黄色，倒出控净油。

环节三：爆制

锅内加入清油35克，葱、姜丝炝锅，烹入料酒，加入清汤、精盐、味精，大火将汤汁烧开后，下入豆腐改小火爆至汤汁收浓，加香菜段，淋香油。

环节四：装盘上桌

拖入盘内，上桌。

环节五：卫生整理

工具回收，卫生整理。

操作要领

❶ 豆腐必须拍面粉，拖蛋液。

❷ 煎制豆腐前必须将锅用油润滑。

❸ 大翻勺必须利索，确保形整。

实训评价

请根据实训任务的完成情况或达标程度，赋予相应评价。

评价项目	学生自评	班组评价	教师评价
加工成形	□优秀 □良好 □合格 □不合格	□优秀 □良好 □合格 □不合格	□优秀 □良好 □合格 □不合格
工艺流程	□优秀 □良好 □合格 □不合格	□优秀 □良好 □合格 □不合格	□优秀 □良好 □合格 □不合格
油温火候	□优秀 □良好 □合格 □不合格	□优秀 □良好 □合格 □不合格	□优秀 □良好 □合格 □不合格
菜品质量	□优秀 □良好 □合格 □不合格	□优秀 □良好 □合格 □不合格	□优秀 □良好 □合格 □不合格
操作规范	□优秀 □良好 □合格 □不合格	□优秀 □良好 □合格 □不合格	□优秀 □良好 □合格 □不合格

续表

评价项目	学生自评	班组评价	教师评价
卫生安全	□优秀 □良好 □合格 □不合格	□优秀 □良好 □合格 □不合格	□优秀 □良好 □合格 □不合格
签　　名			

拓展提升

锅熇的技法可做鱼，也可做肉，还可做豆腐和蔬菜。

实训练习

怎样翻勺才能保持菜肴形态的完整？

 锅熇鱼盒

实训目标

① 养成良好的卫生习惯，并遵守行业规范。

② 掌握蛋黄糊的调制及锅熇菜肴的操作要领。

③ 能够按照制作工艺，在规定时间内完成锅熇鱼盒的制作。

扫二维码
观看实训视频

实训描述

锅熇鱼盒是以烹调方法加主料造型命名的一道菜肴。

锅熇鱼盒是鲁菜传统风味的菜肴，久负盛名。将鱼肉片成长方形的片，夹上肉泥，经锅熇技法制成。

实训要求

色泽金黄，质嫩味鲜。

实训准备

1. 设备与工具

操作台，炉灶，炒锅，手勺，漏勺，菜墩，菜刀。

2. 原料与用量

主料：草鱼肉300克。

配料：猪五花肉100克。

调料：熟猪油100克，鸡蛋3个，面粉15克，清油150克，清汤200克，葱30克，姜30克，精盐5克，生抽10克，味精3克，料酒15克，香油15克。

实训分解

环节一：初步加工处理

❶ 将草鱼肉片成长5厘米、宽3厘米、厚0.2厘米的夹刀片。葱、姜各取15克切丝，再各取15克切米。

❷ 猪五花肉斩成泥加葱、姜米、精盐、味精、料酒、香油搅拌均匀。

环节二：调蛋糊

鸡蛋加面粉、水调成蛋液糊。

环节三：制鱼盒

鱼肉片加入精盐、料酒、味精腌制入味，在两片鱼肉中间夹上肉馅厚约0.8厘米成盒形。

环节四：煎制

炒锅滑清油后放入熟猪油，烧至五成热时，将鱼盒逐片拍粉，粘匀蛋液糊，依次摆在锅内煎至呈金黄色时，倒出控净油。

问题探究：拍粉为什么用面粉？

环节五：煏制

锅内留底油，下入葱、姜丝爆香，烹入料酒，加入清汤、味精、精盐烧开后，去浮沫，将鱼盒倒入锅内煏至熟，微火煏至汁浓，淋香油。

环节六：装盘上桌

将鱼盒拖入盘内上桌即可。

环节七：卫生整理

工具回收，卫生整理。

操作要领

❶ 鱼盒应厚薄一致，大小均匀。

❷ 鱼盒煎至八成熟为宜。

❸ 大翻勺利索，保持形整。

实训评价

请根据实训任务的完成情况或达标程度，赋予相应评价。

评价项目	学生自评	班组评价	教师评价
加工成形	□优秀 □良好 □合格 □不合格	□优秀 □良好 □合格 □不合格	□优秀 □良好 □合格 □不合格
工艺流程	□优秀 □良好 □合格 □不合格	□优秀 □良好 □合格 □不合格	□优秀 □良好 □合格 □不合格
油温火候	□优秀 □良好 □合格 □不合格	□优秀 □良好 □合格 □不合格	□优秀 □良好 □合格 □不合格
菜品质量	□优秀 □良好 □合格 □不合格	□优秀 □良好 □合格 □不合格	□优秀 □良好 □合格 □不合格
操作规范	□优秀 □良好 □合格 □不合格	□优秀 □良好 □合格 □不合格	□优秀 □良好 □合格 □不合格
卫生安全	□优秀 □良好 □合格 □不合格	□优秀 □良好 □合格 □不合格	□优秀 □良好 □合格 □不合格
签　　名			

拓展提升

学会了制作此菜，还可以运用煽的烹调技法制作“锅煽里脊”。

实训练习

怎样保持鱼盒形态完整?

任务 10　烹调方法"爆"的应用

爆是指将原料加工成形后,经过油炸、水煮或煸炒等方法处理,再加入调味品和适量的汤汁烧沸,小火加热,将汤汁收浓成菜的烹调方法。

爆制的菜肴汤汁少而浓稠,色泽红亮,原料味透,冷、热食用皆宜。

 茄汁大虾

实训目标

① 具有良好的职业习惯。

② 掌握爆的烹调技法及操作要领。

③ 能够按照制作工艺,在规定时间内完成茄汁大虾的制作。

扫二维码
观看实训视频

实训描述

茄汁大虾是鲁菜传统菜肴,选用海捕大虾,经油炸后加番茄酱爆制而成。

实训要求

色泽红亮,口味甜酸。

实训准备

1. 设备与工具

操作台,炉灶,炒锅,手勺,漏勺,菜墩,菜刀。

2. 原料准备

主料:大虾12个。

调料:番茄酱50克,精盐1克,蒜末5克,姜末5克,白糖15克,料酒5克,白醋5克,清油750克。

实训分解

环节一:初步加工

将大虾去虾枪,开背去虾线。

环节二:炸制

锅内加入清油烧至200℃时投入大虾,快炸上色后倒出备用。

环节三：燠制

锅内加少许油，放入姜末、蒜末炒香，加入番茄酱炒沸，烹入料酒、白醋、白糖，加入适量水、精盐，倒入大虾燠至汤汁浓稠，翻炒均匀，装盘即可。

环节四：卫生整理

工具回收，卫生整理。

操作要领

❶ 炸制时油温不宜太低。

❷ 燠制时汤汁必须浓稠。

实训评价

请根据实训任务的完成情况或达标程度，赋予相应评价。

评价项目	学生自评	班组评价	教师评价
加工成形	□优秀 □良好 □合格 □不合格	□优秀 □良好 □合格 □不合格	□优秀 □良好 □合格 □不合格
工艺流程	□优秀 □良好 □合格 □不合格	□优秀 □良好 □合格 □不合格	□优秀 □良好 □合格 □不合格
油温火候	□优秀 □良好 □合格 □不合格	□优秀 □良好 □合格 □不合格	□优秀 □良好 □合格 □不合格
菜品质量	□优秀 □良好 □合格 □不合格	□优秀 □良好 □合格 □不合格	□优秀 □良好 □合格 □不合格
操作规范	□优秀 □良好 □合格 □不合格	□优秀 □良好 □合格 □不合格	□优秀 □良好 □合格 □不合格
卫生安全	□优秀 □良好 □合格 □不合格	□优秀 □良好 □合格 □不合格	□优秀 □良好 □合格 □不合格
签　名			

拓展提升

学会了制作此菜，还可以运用爆的烹调技法制作"爆鲅鱼"等。

实训练习

制作茄汁大虾时怎么炒制番茄酱?

 实训2 **糖酱鸡块**

实训目标

❶ 通过实训培养学生的创新意识和创新能力。
❷ 掌握爆的烹调技法及操作要领。
❸ 能够按照操作工艺，完成糖酱鸡块的制作。

扫二维码
观看实训视频

实训描述

此菜以鸡肉为主要原料，经炒糖、沸酱小火爆制成菜。

实训要求

色泽红亮，咸甜适中。

实训准备

1. 设备与工具

操作台，炉灶，炒锅，手勺，漏勺，菜墩，菜刀。

2. 原料与用量

主料：鸡腿600克。

配料：葱段10克，姜片10克。

调料：精盐3克，白糖75克，八角5克，甜面酱50克，料酒15克，酱油10克，清汤750克，清油1000克，香油5克。

实训分解

环节一：切配腌制

将鸡腿改刀成2.5厘米的块，放入盆内，加入精盐、料酒、少许酱油抓匀。

环节二：炸制

锅内放清油，烧至200℃，倒入鸡块，炸成金黄色捞出。

环节三：熻制

锅内加入底油，放入白糖炒出糖色，加入葱段、姜片、八角、甜面酱略炒，加入清汤、酱油、料酒、鸡块、白糖、精盐烧开，用微火熻至汤汁浓稠，淋香油，装盘即可。

环节四：卫生整理

工具回收，卫生整理。

操作要领

❶ 鸡块必须腌制入味。

❷ 炒糖色时火力不宜过大。

实训评价

请根据实训任务的完成情况或达标程度，赋予相应评价。

评价项目	学生自评	班组评价	教师评价
加工成形	□优秀 □良好 □合格 □不合格	□优秀 □良好 □合格 □不合格	□优秀 □良好 □合格 □不合格
工艺流程	□优秀 □良好 □合格 □不合格	□优秀 □良好 □合格 □不合格	□优秀 □良好 □合格 □不合格
油温火候	□优秀 □良好 □合格 □不合格	□优秀 □良好 □合格 □不合格	□优秀 □良好 □合格 □不合格
菜品质量	□优秀 □良好 □合格 □不合格	□优秀 □良好 □合格 □不合格	□优秀 □良好 □合格 □不合格
操作规范	□优秀 □良好 □合格 □不合格	□优秀 □良好 □合格 □不合格	□优秀 □良好 □合格 □不合格

续表

评价项目	学生自评	班组评价	教师评价
卫生安全	□优秀 □良好 □合格 □不合格	□优秀 □良好 □合格 □不合格	□优秀 □良好 □合格 □不合格
签　名			

拓展提升

学会了制作此菜，还可以运用爆的烹调技法制作"糖酱鱼条"。

实训练习

炸鸡肉的油温要控制在几成?

任务 11　烹调方法"蜜汁"的应用

蜜汁是指将白糖、蜂蜜与清水熬化收浓稠，放入加工处理过的原料，经熬或蒸制，使之甜味渗透、质地酥糯、糖汁浓稠的烹调方法。

蜜汁按照操作方法可以分为两类：一类是将白糖炒至拔丝火候，加上开水融化，放入加工成形的原料，小火加热至原料熟烂，随即加上适量的蜂蜜熬至浓稠（起泡）装盘；另一类是将白糖和蜂蜜调制成浓汁，浇在熟处理的原料上。

 蜜汁苹果

实训目标

❶ 养成良好的卫生习惯，并遵守行业规范。

❷ 掌握蜜汁的烹调方法及操作要领。

❸ 能够按照操作要求，在规定时间内完成蜜汁苹果的制作。

扫二维码
观看实训视频

实训描述

蜜汁苹果是中餐宴席中的传统甜菜，在喜庆宴席中蜜汁苹果寓意甜甜蜜蜜。可根据季节选用红枣、山药、芋头等食材制作。

实训要求

成品软糯，香甜似蜜。

实训准备

1. 设备与工具

操作台，炉灶，炒锅，手勺，漏勺，菜墩，菜刀。

2. 原料与用量

主料：苹果50克。

调料：面粉15克，白糖150克，蜂蜜50克，清油1000克，开水150克。

实训分解

环节一：原料切配

将苹果洗净去皮，切成滚料块。

 知识链接1：滚料切

滚料切是刀法之一，一手滚动原料，一手持刀跟切，切一刀滚动一次。切时要掌握一定的斜度，多用于切圆而脆的原料，通过改变切时的斜度和滚动快慢，使切出来的原料形状各异。

问题探究：刀工切配原料的大小对烹调及菜肴成品的影响是什么？

环节二：拍粉炸制

苹果拍匀干面粉，下入200℃热油中炸至金黄，倒出控净油。

 知识链接2：掌控油温的基础知识

如火力较大，油温上升快，炸制时油温可低一些；如火力较小，油温上升慢，炸制时油温可高一些。

环节三：烹调

锅内加少许油，放入50克白糖炒至浅红色，加开水、剩余白糖，倒入苹果块，加蜂蜜，收浓汤汁，装盘即可。

　　问题探究：炒糖色的方法有哪几种?

　　环节四：卫生整理

　　工具回收，卫生整理。

操作要领

　　❶ 选择新鲜且质地脆嫩的苹果。将苹果去皮、去核，并切成适中的块状，例如滚料块或类似橘子瓣的形状，以确保烹饪时受热均匀，成熟度保持一致。

　　❷ 在炸制苹果的过程中，应使用中小火慢慢炸制，以保持苹果的口感和形态。

　　❸ 在炒糖和收汁的环节，必须采用小火缓慢加热，以防止煳底和焦煳现象的出现。

实训评价

　　请根据实训任务的完成情况或达标程度，赋予相应评价。

评价项目	学生自评	班组评价	教师评价
加工成形	□优秀 □良好 □合格 □不合格	□优秀 □良好 □合格 □不合格	□优秀 □良好 □合格 □不合格
工艺流程	□优秀 □良好 □合格 □不合格	□优秀 □良好 □合格 □不合格	□优秀 □良好 □合格 □不合格
油温火候	□优秀 □良好 □合格 □不合格	□优秀 □良好 □合格 □不合格	□优秀 □良好 □合格 □不合格
菜品质量	□优秀 □良好 □合格 □不合格	□优秀 □良好 □合格 □不合格	□优秀 □良好 □合格 □不合格
操作规范	□优秀 □良好 □合格 □不合格	□优秀 □良好 □合格 □不合格	□优秀 □良好 □合格 □不合格

续表

评价项目	学生自评	班组评价	教师评价
卫生安全	□优秀 □良好 □合格 □不合格	□优秀 □良好 □合格 □不合格	□优秀 □良好 □合格 □不合格
签　名			

拓展提升

学会蜜汁的烹调方法，操作者还可根据不同食材制作不同宴席需求的蜜汁类菜肴。如"蜜汁山药""蜜汁红枣"等。

实训练习

切苹果采用什么刀法呢？

蜜汁山药

实训目标

❶ 养成良好的卫生习惯，并遵守行业规范。

❷ 掌握蜜汁的烹调方法及操作要领。

❸ 能够按照操作要求，在规定时间内完成蜜汁山药的制作。

扫二维码
观看实训视频

实训描述

蜜汁山药是中餐宴席中的甜菜，其制作方法是采用白糖、冰糖和蜂蜜等原料，将主料炸制后，采用蜜汁技法制作而成。

实训要求

成品软糯，香甜似蜜。

实训准备

1. 设备与工具

操作台，炉灶，炒锅，手勺，漏勺，菜墩，菜刀。

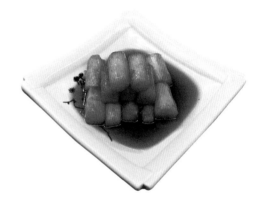

2. 原料与用量

主料：铁棍山药500克。

调料：白糖150克，蜂蜜50克，清油1000克，开水150克。

实训分解

环节一：原料切配

将铁棍山药洗净去皮，切成长6厘米的段。

> **◎ 知识链接：铁棍山药的认识**
>
> 铁棍山药是众多山药品种之一，也是河南焦作温县地理标志产品。铁棍山药按栽培土壤的不同分为沙土和垆土两种。其肉质较硬，粉性足，呈白色或略显牙黄色，黏液少。由于铁棍山药中水分含量少，山药多糖等含量丰富，因此，其汁液较浓，煮食后口感较干腻、甜香，入口"面而甜"。

问题探究：铁棍山药的食养价值是什么？

环节二：炸制

锅内倒入清油烧至200℃，放入铁棍山药段炸至金黄，倒出控净油。

环节三：烹调

锅内加少许油，放入50克白糖炒至呈浅红色，加开水、剩余白糖，倒入铁棍山药段，加蜂蜜，收浓汤汁，装盘即可。

环节四：卫生整理

工具回收，卫生整理。

操作要领

❶ 铁棍山药为最佳选择，其表皮应光滑无瑕、无斑点、无损伤。

❷ 切段的山药应立即浸入盐水或白醋水浸泡，有助于防氧化。

❸ 炒制糖色和收汁时，务必使用小火，以避免烧焦或粘锅，使汤汁变得浓稠。

❹ 将白糖和水加入锅中，用小火加热至糖溶解并变成琥珀色。注意火候，避免糖色加重。

实训评价

请根据实训任务的完成情况或达标程度，赋予相应评价。

评价项目	学生自评	班组评价	教师评价
加工成形	□优秀 □良好 □合格 □不合格	□优秀 □良好 □合格 □不合格	□优秀 □良好 □合格 □不合格
工艺流程	□优秀 □良好 □合格 □不合格	□优秀 □良好 □合格 □不合格	□优秀 □良好 □合格 □不合格
油温火候	□优秀 □良好 □合格 □不合格	□优秀 □良好 □合格 □不合格	□优秀 □良好 □合格 □不合格
菜品质量	□优秀 □良好 □合格 □不合格	□优秀 □良好 □合格 □不合格	□优秀 □良好 □合格 □不合格
操作规范	□优秀 □良好 □合格 □不合格	□优秀 □良好 □合格 □不合格	□优秀 □良好 □合格 □不合格
卫生安全	□优秀 □良好 □合格 □不合格	□优秀 □良好 □合格 □不合格	□优秀 □良好 □合格 □不合格
签　名			

拓展提升

学会蜜汁的烹调方法，操作者还可根据不同食材制作不同宴席需求的蜜汁类菜肴。如"蜜汁红果""蜜汁肥桃"等。

实训练习

铁棍山药和普通山药的区别有哪些？

项目四 "油烹法" 在菜肴制作中的应用

任务1 烹调方法"炒"的应用

炒是将切配后的丁、丝、片、条、粒等小型原料，用中油量或少油量，以旺火快速烹制成菜的烹调方法。

根据所用的原料的性质和具体操作手法的不同，炒又可分为生炒、熟炒、滑炒、软炒四种。

 ## 实训1 山芹炒肉丝

实训目标

扫二维码
观看实训视频

❶ 养成良好的卫生习惯，并遵守行业规范。

❷ 掌握生炒的烹调技法及操作要领。

❸ 能够按照制作工艺，在规定时间内完成山芹炒肉丝的制作。

实训描述

此菜以猪里脊丝配芹菜炒制而成，既能体现烹调师的刀工技艺，又能体现对火候的掌握。

实训要求

肉丝粗细均匀，长短一致。芹菜爽脆，口味咸鲜。

实训准备

1. 设备与工具

操作台，菜墩，炉灶，菜刀，炒锅。

2. 原料与用量

主料：猪里脊150克。

配料：山芹300克，葱5克，姜5克。

调料：精盐2克，味精3克，甜面酱10克，酱油10克，清油50克，料酒10克，香油5克。

实训分解

环节一：初步加工

将山芹择洗干净，控净水分。猪里脊去除筋膜。

⊘ 知识链接1："芹菜"相关知识

我国芹菜栽培始于汉代，至今已有2000多年的历史。起初仅作为观赏植物种植，后开始当作食物，经过不断地培育，形成了细长叶柄型芹菜栽培种，即本芹（中国芹菜）。

问题探究：猪里脊为什么要去除筋膜？

环节二：切配

将山芹切成3.5厘米长的段备用，猪里脊切成长6厘米、粗0.2厘米的丝，葱、姜切丝。

⊘ 知识链接2：切肉丝的技巧和注意事项

1. 横切牛羊，竖切猪：牛肉应垂直于纤维纹理切割，而猪肉则应沿着纹理方向进行切割。

2. 剔除筋膜：在切割前，先剔除肉表面的筋膜，以避免影响口感。

3. 磨利刀具：在切割肉类前，确保刀具锋利，以减少切割时的阻力。

4. 防止粘刀：在切割过程中刀具沾上少量清水能防止粘连。

问题探究：肉丝的切配标准是什么？

环节三：焯水

将水烧沸，下入山芹段烫至碧绿色捞入冷水中，过凉控水备用。

环节四：炒制

将勺烧热，放入清油50克，加入葱、姜丝炝锅，放入肉丝炒至断生，下入甜面酱炒香，加入酱油和料酒，下入山芹段、精盐、味精，翻炒均匀，淋香油，装盘即可。

环节五：卫生整理

工具回收，卫生整理。

操作要领

❶ 切猪里脊丝时，用力要均匀，下刀要准确。

❷ 炒制过程中，火力要旺，速度要快，搅拌翻炒要均匀。

实训评价

请根据实训任务的完成情况或达标程度，赋予相应评价。

评价项目	学生自评	班组评价	教师评价
加工成形	□优秀 □良好 □合格 □不合格	□优秀 □良好 □合格 □不合格	□优秀 □良好 □合格 □不合格
工艺流程	□优秀 □良好 □合格 □不合格	□优秀 □良好 □合格 □不合格	□优秀 □良好 □合格 □不合格
水温控制	□优秀 □良好 □合格 □不合格	□优秀 □良好 □合格 □不合格	□优秀 □良好 □合格 □不合格
菜品质量	□优秀 □良好 □合格 □不合格	□优秀 □良好 □合格 □不合格	□优秀 □良好 □合格 □不合格
操作规范	□优秀 □良好 □合格 □不合格	□优秀 □良好 □合格 □不合格	□优秀 □良好 □合格 □不合格
卫生安全	□优秀 □良好 □合格 □不合格	□优秀 □良好 □合格 □不合格	□优秀 □良好 □合格 □不合格
签　　名			

拓展提升

学会了此菜的制作，还可以在此菜的基础上增加粉皮、豆芽、木耳一同炒制，制作成"花炒肉丝"。

实训练习

怎样才能保证芹菜的翠绿爽脆?

 银芽鸡丝

实训目标

① 规范操作,养成良好职业素养。

② 掌握滑炒的烹调方法及滑炒类菜肴的特点。

③ 能够按照制作工艺,在规定时间内完成符合菜肴标准的银芽鸡丝。

扫二维码
观看实训视频

实训描述

"银芽"是以绿豆芽为原料,掐头去尾而成,又称"掐菜"。此菜需同时配以鸡脯肉丝、红椒丝等原料,经滑炒烹制而成。

实训要求

色泽洁白,鸡丝滑嫩,豆芽爽脆,咸鲜适口。

实训准备

1. 设备与工具

操作台,炉灶,炒锅,手勺,漏勺,菜墩,菜刀。

2. 原料与用量

主料:鸡脯肉200克。

配料:银芽300克,淀粉10克,红椒丝10克,鸡蛋清1个。

调料:味精3克,料酒10克,精盐5克,葱丝5克,姜丝5克,清油750克,香油5克。

实训分解

环节一:切配

将鸡脯肉切成长6厘米、粗0.2厘米的丝,银芽、红椒丝焯水过凉。

环节二:上浆滑油

① 鸡丝放入碗内,加入精盐、味精、料酒、鸡蛋清、淀粉上浆备用。

② 锅内放清油,烧至90℃,加入鸡丝,滑散变白,捞出控油备用。

环节三：炒制

锅内放底油，加入葱、姜丝煸出香味，放入银芽、红椒丝、鸡丝，烹入料酒、精盐、味精，翻炒均匀，淋上香油，装盘即可。

环节四：卫生整理

工具回收，卫生整理。

操作要领

❶ 鸡丝切配要均匀一致。

❷ 滑油时油温不宜过高。

实训评价

请根据实训任务的完成情况或达标程度，赋予相应评价。

评价项目	学生自评	班组评价	教师评价
加工成形	□优秀 □良好 □合格 □不合格	□优秀 □良好 □合格 □不合格	□优秀 □良好 □合格 □不合格
工艺流程	□优秀 □良好 □合格 □不合格	□优秀 □良好 □合格 □不合格	□优秀 □良好 □合格 □不合格
油温火候	□优秀 □良好 □合格 □不合格	□优秀 □良好 □合格 □不合格	□优秀 □良好 □合格 □不合格
菜品质量	□优秀 □良好 □合格 □不合格	□优秀 □良好 □合格 □不合格	□优秀 □良好 □合格 □不合格
操作规范	□优秀 □良好 □合格 □不合格	□优秀 □良好 □合格 □不合格	□优秀 □良好 □合格 □不合格
卫生安全	□优秀 □良好 □合格 □不合格	□优秀 □良好 □合格 □不合格	□优秀 □良好 □合格 □不合格
签　名			

拓展提升

学会了制作此菜，还可以运用炒的烹调技法制作"滑炒里脊丝"。

实训练习

银芽鸡丝的烹调方法是什么？

任务2 烹调方法"炸"的应用

炸是指将经过加工处理的原料调味、挂糊或不挂糊，投入放了大量油的热油锅中加热成熟的烹调方法。

炸可以分为挂糊炸和不挂糊炸两种，其中不挂糊炸又称清炸，而挂糊炸则由糊的种类不同而不同，常见的有干炸、软炸、松炸、酥炸、板炸等。

 实训1 炸萝卜丸子

实训目标

① 具有安全操作及良好的职业习惯。

② 掌握干炸的烹调方法及操作要领。

③ 能够按照制作工艺，制作出外酥里嫩的炸萝卜丸子。

扫二维码
观看实训视频

实训描述

炸萝卜丸子以青萝卜为主要原料，经焯水、刀工处理、调味、加入辅助原料，挤成丸子入六至七成油温中炸制而成。

实训要求

色泽金黄，外酥里嫩。

实训准备

1. 设备与工具

操作台，炉灶，炒锅，手勺，漏勺，菜墩，菜刀。

2. 原料与用量

主料：青萝卜300克。

配料：鸡蛋1个，面粉75克。

调料：精盐3克，花椒盐5克，花椒粉3克，清油1000克，葱末5克，姜末5克。

实训分解

环节一：初加工处理

将青萝卜洗净去皮切片，焯水后过凉切末。

环节二：调糊

将青萝卜末放入盆内，加入鸡蛋、面粉、葱姜末、精盐、花椒粉拌匀。

环节三：炸制

锅内放油，烧至200℃，将糊挤成直径2厘米的丸子，炸至金黄，捞出装盘，外带花椒盐即可。

环节四：卫生整理

工具回收，卫生整理。

操作要领

❶ 丸子要大小均匀。

❷ 炸制时要掌握好油温。

实训评价

请根据实训任务的完成情况或达标程度，赋予相应评价。

评价项目	学生自评	班组评价	教师评价
加工成形	□优秀 □良好 □合格 □不合格	□优秀 □良好 □合格 □不合格	□优秀 □良好 □合格 □不合格
工艺流程	□优秀 □良好 □合格 □不合格	□优秀 □良好 □合格 □不合格	□优秀 □良好 □合格 □不合格
油温火候	□优秀 □良好 □合格 □不合格	□优秀 □良好 □合格 □不合格	□优秀 □良好 □合格 □不合格

续表

评价项目	学生自评	班组评价	教师评价
菜品质量	□优秀 □良好 □合格 □不合格	□优秀 □良好 □合格 □不合格	□优秀 □良好 □合格 □不合格
操作规范	□优秀 □良好 □合格 □不合格	□优秀 □良好 □合格 □不合格	□优秀 □良好 □合格 □不合格
卫生安全	□优秀 □良好 □合格 □不合格	□优秀 □良好 □合格 □不合格	□优秀 □良好 □合格 □不合格
签　名			

拓展提升

学会了制作此菜，还可以运用干炸的烹调技法制作"炸洋葱丸子"。

实训练习

炸丸子的油温大约是多少？

 实训2　香炸鱼排

实训目标

❶ 养成良好的卫生习惯，并遵守行业规范。

❷ 掌握香炸烹调方法及操作要领。

❸ 能够按照制作工艺，在规定时间内完成香炸鱼排的制作。

扫二维码
观看实训视频

实训描述

此菜是以鱼肉加工改刀成厚片，腌渍入味，再拍面粉、拖蛋液，粘上面包糠，经油炸而成。

实训要求

色泽金黄，外酥里嫩，口味咸鲜。

实训准备

1. 设备与工具

操作台，菜墩，炉灶，菜刀，炒锅。

2. 原料与用量

主料：净草鱼肉250克。

配料：面包糠100克。

调料：鸡蛋1个，面粉10克，料酒10克，精盐3克，葱10克，姜10克，味精2克，清油1000克（耗100克）。

实训分解

环节一：切配

将草鱼肉片成0.4厘米厚、8厘米长、4厘米宽的片，两面打上十字花刀，葱、姜切丝。

🔗 知识链接1：草鱼

草鱼俗称鲩、草根、青混、混子等。体长为体高的3.4~4.0倍，为头长的3.6~4.3倍，为尾柄长的7.3~9.5倍，为尾柄高的6.8~8.8倍。体长形，吻略钝，下咽齿2行，呈梳形。背鳍无硬刺，外缘平直，位于腹鳍的上方，起点至尾鳍基的距离较至吻端为近。鳃耙短小，数少。体呈茶黄色，腹部灰白色，体侧鳞片边缘灰黑色，胸鳍、腹鳍灰黄色，其他鳍浅色。

问题探究：为什么鱼肉要打上花刀？

环节二：腌制

鱼排加入精盐、味精、料酒、葱姜丝腌制入味。

问题探究：鱼排腌制多长时间为宜？

环节三：挂糊

取鱼排拍面粉，裹匀蛋液，粘上面包糠。

知识链接2：平刀法

平刀法，也称片刀法或批刀法，是一种刀面侧倾与砧板面几乎平行的切割技巧。在烹饪中，此技巧特别体现在拉刀片的应用上，即通过将刀刃从外向内推进，将原料切割成薄片。

环节四：油炸、成菜

锅内放清油，烧至150℃，下入鱼排，炸至黄色，捞出控油，改刀装盘即可。

知识链接3：烹调方法"香炸"

香炸又称板炸，它是将原料经过刀工处理和调味后，均匀地拍上干面粉，挂上鸡蛋液，滚粘上芝麻、松子、面包糠之类的香味原料，再放入温油中炸熟，捞出后改刀装盘的烹调方法。

环节五：卫生整理

工具回收，卫生整理。

操作要领

1 鱼排要大小均匀，厚薄一致。
2 挂糊时面包糠要按紧实。
3 油炸时油温不宜过高。

实训评价

请根据实训任务的完成情况或达标程度，赋予相应评价。

评价项目	学生自评	班组评价	教师评价
加工成形	□优秀 □良好 □合格 □不合格	□优秀 □良好 □合格 □不合格	□优秀 □良好 □合格 □不合格
工艺流程	□优秀 □良好 □合格 □不合格	□优秀 □良好 □合格 □不合格	□优秀 □良好 □合格 □不合格

续表

评价项目	学生自评	班组评价	教师评价
油温火候	□优秀 □良好 □合格 □不合格	□优秀 □良好 □合格 □不合格	□优秀 □良好 □合格 □不合格
菜品质量	□优秀 □良好 □合格 □不合格	□优秀 □良好 □合格 □不合格	□优秀 □良好 □合格 □不合格
操作规范	□优秀 □良好 □合格 □不合格	□优秀 □良好 □合格 □不合格	□优秀 □良好 □合格 □不合格
卫生安全	□优秀 □良好 □合格 □不合格	□优秀 □良好 □合格 □不合格	□优秀 □良好 □合格 □不合格
签　名			

拓展提升

学会制作此菜还可以运用此烹调技法制作"香炸虾排""瓜仁鸡排"等。

实训练习

怎样掌握好香炸的油温？

任务3　烹调方法"爆"的应用

爆是指将加工成形的原料上浆或不上浆，经初步熟处理，然后碗内兑汁，煸炒配料，投入主料，急火勾芡，快速成菜的烹调方法。

爆由于主料性质和热处理方式的不同，又可分为油爆和爆炒。油爆就是将动物性的脆性原料加工成形，用开水一焯，热油一促，煸炒配料，加入主料，倒入兑好的芡汁，急火浓芡的烹调方法，其成品主要特点是芡包主料、油包芡，装盘后呈馒头形，食完盘内无汤汁仅剩少许底油；爆炒就是将动物性原料加工成形，上浆滑油，煸炒配料，加入主料，倒入兑好的芡汁，急火浓芡的烹调技法，其成品特点与油爆菜品相似，但芡汁较宽。

爆的菜肴具有形状美观、脆嫩清爽、紧汁亮油的特点。适宜爆的原料多为具有韧性和脆性的猪腰、肚仁、肫、鱿鱼、墨鱼、海螺、牛肉、羊肉、瘦猪肉等。

实训1　葱爆肉

实训目标

❶ 养成良好的卫生习惯，并遵守行业规范。

❷ 掌握爆的技法及操作要领。

❸ 能够按照制作工艺，在规定时间内完成葱爆肉的制作。

扫二维码
观看实训视频

实训描述

葱爆肉是一款传统鲁菜，选用山东特产"章丘大葱"加以猪肉片烹制而成。

实训要求

明油亮芡，色泽红亮，葱香浓郁，里脊鲜嫩。

实训准备

1. 设备与工具

操作台，炉灶，菜墩，菜刀，炒锅。

2. 原料与用量

主料：猪里脊250克。

配料：大葱白200克。

调料：蛋清1个，酱油10克，精盐3克，料酒10克，味精3克，湿淀粉50克，清油750克，清汤50克。

实训分解

环节一：初加工处理

将大葱白择洗干净，控净水分。猪里脊去除筋膜。

 知识链接：了解"章丘大葱"

章丘大葱的品质特点可以用四个字概括，即：高、长、脆、甜。有"葱王"之称号。葱白长而直。一般葱白长50～80厘米、径粗3～4厘米。章丘大葱是鲁菜必备调料。

环节二：切配

将猪里脊切成4厘米长、2.5厘米宽、0.2厘米厚的片，葱白剖开切成3.5厘米长的段。

环节三：上浆

将猪肉片放入碗内，加料酒、酱油、蛋清、湿淀粉、精盐上浆备用。

问题探究：上浆的质量标准是什么？

环节四：炒制

❶ 将清汤、料酒、精盐、味精、酱油、湿淀粉兑成汁。

❷ 锅内放清油，烧至100℃，放入猪肉片滑熟，倒出控油。

❸ 锅内放入底油，放入葱白段炒出香味，加入猪里脊片和兑好的汁，急火翻炒装盘即可。

环节五：卫生整理

工具回收，卫生整理。

操作要领

❶ 切猪里脊片时，用力要均匀，下刀要准确。

❷ 猪里脊片上浆要均匀。

❸ 炒制过程中，火力要旺，速度要快，搅拌翻炒要均匀。

实训评价

请根据实训任务的完成情况或达标程度，赋予相应评价。

评价项目	学生自评	班组评价	教师评价
加工成形	□优秀 □良好 □合格 □不合格	□优秀 □良好 □合格 □不合格	□优秀 □良好 □合格 □不合格
工艺流程	□优秀 □良好 □合格 □不合格	□优秀 □良好 □合格 □不合格	□优秀 □良好 □合格 □不合格
油温火候	□优秀 □良好 □合格 □不合格	□优秀 □良好 □合格 □不合格	□优秀 □良好 □合格 不合格
菜品质量	□优秀 □良好 □合格 □不合格	□优秀 □良好 □合格 □不合格	□优秀 □良好 □合格 □不合格

续表

评价项目	学生自评	班组评价	教师评价
操作规范	□优秀 □良好 □合格 □不合格	□优秀 □良好 □合格 □不合格	□优秀 □良好 □合格 □不合格
卫生安全	□优秀 □良好 □合格 □不合格	□优秀 □良好 □合格 □不合格	□优秀 □良好 □合格 □不合格
签　　名			

拓展提升

学会了制作此菜，可以变化菜品配料，如使用大蒜加以肉片烹制，可以制作成"蒜爆肉"。

实训练习

加强对肉片的刀工练习。

 实训2　爆炒腰花

实训目标

❶ 提高学生对鲁菜传承的认识，养成良好的职业素养。

❷ 了解腰子的质地和相关原料知识。

❸ 能够按照操作流程掌握操作技法。

扫二维码
观看实训视频

实训描述

爆炒腰花体现精湛的刀工，需要在急火热油中速炒速成，火候把握严格。

实训要求

质感脆嫩，色泽红亮。

实训准备

1. 设备与工具

操作台，菜墩，炉灶，菜刀。

2. 原料与用量

主料：猪腰子350克。

配料：水发木耳30克，冬笋30克。

调料：蒜片10克，葱末10克，姜末5克，精盐2克，味精3克，醋10克，料酒10克，酱油15克，湿淀粉25克，清汤50克，花椒油5克。

实训分解

环节一：切配

将猪腰子撕去外膜，分为两片，去净腰臊，打上麦穗花刀，顺直刀纹改成2厘米宽的块。冬笋切柳叶片。

环节二：初步熟处理

❶ 腰花加入料酒，用湿淀粉上薄浆下入200℃的油中促炸。

❷ 将冬笋片、水发木耳焯水备用。

问题探究：猪腰子中的腰臊为何要去掉？

环节三：兑汁

将清汤、酱油、精盐、味精、料酒、湿淀粉放入碗中兑汁。

环节四：炒制成菜

锅内放底油，加葱末、姜末、蒜片炒出香味，烹入醋，下冬笋片、水发木耳，倒入腰花和兑好的汁，翻炒均匀，淋花椒油装盘即可。

环节五：卫生整理

清洗用具并归位，擦洗炉灶。

操作要领

❶ 腰子打花刀要深入原料的五分之四。

❷ 腰花促炸油温要高。

❸ 炒制时要热锅烹醋。

实训评价

请根据实训任务的完成情况或达标程度，赋予相应评价。

评价项目	学生自评	班组评价	教师评价
加工成形	□优秀 □良好 □合格 □不合格	□优秀 □良好 □合格 □不合格	□优秀 □良好 □合格 □不合格
工艺流程	□优秀 □良好 □合格 □不合格	□优秀 □良好 □合格 □不合格	□优秀 □良好 □合格 □不合格
油温火候	□优秀 □良好 □合格 □不合格	□优秀 □良好 □合格 □不合格	□优秀 □良好 □合格 □不合格
菜品质量	□优秀 □良好 □合格 □不合格	□优秀 □良好 □合格 □不合格	□优秀 □良好 □合格 □不合格
操作规范	□优秀 □良好 □合格 □不合格	□优秀 □良好 □合格 □不合格	□优秀 □良好 □合格 □不合格
卫生安全	□优秀 □良好 □合格 □不合格	□优秀 □良好 □合格 □不合格	□优秀 □良好 □合格 □不合格
签　　名			

拓展提升

学会了制作此菜，还可以运用爆炒的烹调技法制作"爆炒肝尖"。

实训练习

怎么掌握好爆炒的芡汁？

任务4　烹调方法"熘"的应用

熘就是将切配后的丝、丁、片、块等小型或整形原料（多属鱼、虾、禽类），经油滑或油炸、蒸、煮等方法加热成熟，再用芡汁粘裹或浇淋汁成菜的烹调方法。

　　由于半成品加工、初步熟处理方式以及勾芡火候和浓度的不同，熘可分为炸熘、滑熘、软熘。

　　熘的菜肴一般芡汁较宽，突出特征就是"勾芡"。

 ### 滑熘肉片

实训目标

① 树立职业道德，尊重职业操守和行业规范。

② 了解肉的质地和滑熘的操作要点。

③ 掌握滑熘的工艺流程。

扫二维码
观看实训视频

实训描述

　　滑熘肉片主料经过改刀处理，上浆、滑油制熟后，熘制而成。

实训要求

　　肉质滑嫩，色泽洁白。

实训准备

　　1. 设备与工具

　　操作台，菜墩，炉灶，菜刀，码斗。

　　2. 原料与用量

　　主料：猪瘦肉300克。

　　配料：水发木耳25克，火腿10克，黄瓜75克。

　　调料：葱末10克，姜末5克，蛋清1个，淀粉15克，精盐3克，味精3克，花椒油5克，料酒10克，清汤100克，清油750克。

实训分解

　　环节一：切配

　　将猪瘦肉切成0.2厘米厚的柳叶片，黄瓜切成柳叶片，水发木耳撕片，火腿切片。

　　环节二：上浆滑油

　　肉片放入盆内，加料酒、精盐、蛋清、淀粉上浆备用。锅内加入清油滑锅，再加入油烧至100℃。倒入肉片滑熟，倒出控净油。

　　问题探究：为什么滑油的菜肴要先滑锅？

环节三：烹调

锅内加入底油，加入葱姜末炝锅，烹入料酒，放入黄瓜片、火腿片、木耳片略炒，加清汤、精盐、味精烧开，倒入肉片，烧开后勾薄芡，淋花椒油装盘即可。

环节四：卫生整理

工具回收，炉灶擦洗。

操作要领

❶ 肉片要厚薄均匀。

❷ 上浆厚薄要适度。

实训评价

请根据实训任务的完成情况或达标程度，赋予相应评价。

评价项目	学生自评	班组评价	教师评价
加工成形	□优秀 □良好 □合格 □不合格	□优秀 □良好 □合格 □不合格	□优秀 □良好 □合格 □不合格
工艺流程	□优秀 □良好 □合格 □不合格	□优秀 □良好 □合格 □不合格	□优秀 □良好 □合格 □不合格
油温火候	□优秀 □良好 □合格 □不合格	□优秀 □良好 □合格 □不合格	□优秀 □良好 □合格 □不合格
菜品质量	□优秀 □良好 □合格 □不合格	□优秀 □良好 □合格 □不合格	□优秀 □良好 □合格 □不合格
操作规范	□优秀 □良好 □合格 □不合格	□优秀 □良好 □合格 □不合格	□优秀 □良好 □合格 □不合格
卫生安全	□优秀 □良好 □合格 □不合格	□优秀 □良好 □合格 □不合格	□优秀 □良好 □合格 □不合格
签　名			

拓展提升

结合滑熘肉片的制作工艺，要学会举一反三。用此工艺制作"滑熘鸡片""滑熘虾片"等。

实训练习

怎么掌握好滑熘的芡汁？

 实训2　糖醋鲤鱼

实训目标

扫二维码
观看实训视频

❶ 养成良好的卫生习惯，并遵守行业规范。

❷ 掌握水粉糊调制及炸熘的操作要领。

❸ 能够按照制作工艺，在规定时间内完成炸熘菜品的制作。

实训描述

糖醋鲤鱼是以味型加主料命名的一道菜肴。其烹调方法属于炸熘。

糖醋鲤鱼是山东的传统名菜。黄河鲤鱼不仅肥嫩鲜美，而且金鳞赤尾，形态可爱，是宴会上的佳肴。《济南府志》上早有"黄河之鲤，南阳之蟹，且入食谱"的记载。《诗经》记载："岂其食鱼，必河之鲤。"据这些史料推测，早在3000多年以前，黄河鲤鱼就已经成为脍炙人口的名食了。

实训要求

色泽金黄，外酥里嫩。

实训准备

1. 设备与工具

操作台，炉灶，炒锅，手勺，漏勺，菜墩，菜刀。

2. 原料与用量

主料：鲤鱼1条（约750克）。

配料：姜末5克，蒜末10克，淀粉100克。

调料：白糖150克，醋75克，精盐1克，料酒5克，清油1000克。

实训分解

环节一：初加工处理

将鲤鱼去鳞、鳃、内脏洗净，在鱼身两面每隔2厘米打上牡丹形花刀，用精盐、料酒略腌。

环节二：调水粉糊

将淀粉、清水调成水粉糊。

> **知识链接1：水粉糊的知识**
>
> 水粉糊又称硬糊、干浆糊，它是由淀粉和水调和而成的，在烹调中应用广泛，是常见的一种糊类。这种糊采用玉米淀粉、豌豆淀粉、红薯淀粉、土豆淀粉等都可以制作，其中土豆淀粉是首选。它适用于炸、熘、清烹等烹调方法制作的菜肴，例如糖醋里脊、醋烹鲫鱼、锅包肉等。

问题探究：腌鱼的目的是什么？

环节三：炸制

锅内加入油，烧至200℃，将鱼挂满糊，头朝下，将鱼身两面晃动略炸定形捞出，油温回升再复炸，炸至金黄色，捞出放入鱼盘内。

> **知识链接2：200℃油温的识别**
>
> 200℃油温的油面有波动，向四周翻动，有大量青烟升起。下入原料后，其周围会迅速出现大量气泡，并伴有哗哗声，原料遇油后迅速浮出油面。200℃油温具有酥皮增香、使原料不易碎烂的作用。

环节四：熬糖醋汁

锅内加入少许油，放入白糖，熬至变稀呈浅红色，加入姜末、蒜末、醋、水烧开，勾芡，淋热油爆汁。

问题探究：糖醋汁与番茄汁的区别是什么？

环节五：浇汁上桌

将糖醋汁均匀浇在鱼上，快速上桌。

环节六：卫生整理

工具回收，卫生整理。

操作要领

❶ 制糊时稠稀度要适当，原料挂糊要均匀。

❷ 炸制时油温必须先控制在200℃，复炸时油温略高。

实训评价

请根据实训任务的完成情况或达标程度，赋予相应评价。

评价项目	学生自评	班组评价	教师评价
加工成形	□优秀 □良好 □合格 □不合格	□优秀 □良好 □合格 □不合格	□优秀 □良好 □合格 □不合格
工艺流程	□优秀 □良好 □合格 □不合格	□优秀 □良好 □合格 □不合格	□优秀 □良好 □合格 □不合格
油温火候	□优秀 □良好 □合格 □不合格	□优秀 □良好 □合格 □不合格	□优秀 □良好 □合格 □不合格
菜品质量	□优秀 □良好 □合格 □不合格	□优秀 □良好 □合格 □不合格	□优秀 □良好 □合格 □不合格
操作规范	□优秀 □良好 □合格 □不合格	□优秀 □良好 □合格 □不合格	□优秀 □良好 □合格 □不合格
卫生安全	□优秀 □良好 □合格 □不合格	□优秀 □良好 □合格 □不合格	□优秀 □良好 □合格 □不合格
签　名			

拓展提升

学会了制作此菜，还可以运用炸熘的烹调技法制作"糖醋虾仁"。

实训练习

糖醋鲤鱼打什么花刀？

  任务5　烹调方法"烹"的应用

烹是将新鲜细嫩的原料，加工成条、片、块形后调味腌制，挂糊或不挂糊，炸制成金黄色、外酥里嫩捞出，炝锅投入主料，随即烹入预先兑好的调味清汁（不加淀粉），快速翻炒成菜的烹调方法。

烹制菜肴需要先过油炸制，多采用清炸或挂薄糊、拍粉然后炸的方法，成菜微有汤汁、不勾芡。烹制的量要恰到好处，也就是主料刚好将汁吃尽为宜。烹的烹调方法制成的菜肴特点为酥香、软嫩、清爽不腻、味型多样，以咸鲜为主。

实训1　醋烹鲫鱼

实训目标

① 养成良好的卫生习惯，并遵守行业规范。

② 掌握炸烹的操作技法及操作要领。

③ 能够按照制作工艺，在规定时间内完成醋烹鲫鱼的制作。

扫二维码
观看实训视频

实训描述

醋烹鲫鱼是一道十分传统的北方家常菜。所谓醋烹，就是将用醋调和的酱汁快速倒入锅中刚刚炸熟的鲫鱼上。由于锅热，酱汁遇热后马上沸腾并开始挥发水汽。这样不仅挥发出了水汽，也挥发掉了一部分的醋酸。借助这样的挥发，瞬间将香气升华并带走鱼腥。

实训要求

酸咸适口，香醇焦脆。

实训准备

1. 设备与工具

操作台，案板，炉灶，菜刀，菜墩。

2. 原料与用量

主料：小鲫鱼500克。

配料：香菜15克，葱丝5克，姜丝10克，蒜片20克。

调料：精盐3克，香油5克，味精3克，料酒20克，白糖5克，醋20克，清油1000克。

实训分解

环节一：原料初加工处理

将小鲫鱼宰杀洗净，片成两片放入盘内，加入料酒、精盐腌渍备用。香菜去叶洗净切段。

问题探究：鲫鱼如何去腥？

环节二：炸制

锅内加入油烧至200℃，下入腌好的小鲫鱼，慢火炸至酥透，捞出控净油。

环节三：烹制装盘

锅内放底油，加入葱丝、姜丝、蒜片炝锅，烹入由醋、料酒、精盐、白糖兑成的清汁，放入小鲫鱼、香菜段，淋香油翻拌均匀，装盘即可。

问题探究：醋烹鲫鱼可以碗内兑汁吗？

环节四：卫生整理

工具回收，卫生整理。

操作要领

❶ 注意鱼的去腥。

❷ 鱼要腌制入味。

❸ 炸时要注意油温。

实训评价

请根据实训任务的完成情况或达标程度，赋予相应评价。

评价项目	学生自评	班组评价	教师评价
加工成形	□优秀 □良好 □合格 □不合格	□优秀 □良好 □合格 □不合格	□优秀 □良好 □合格 □不合格

续表

评价项目	学生自评	班组评价	教师评价
工艺流程	□优秀 □良好 □合格 □不合格	□优秀 □良好 □合格 □不合格	□优秀 □良好 □合格 □不合格
油温火候	□优秀 □良好 □合格 □不合格	□优秀 □良好 □合格 □不合格	□优秀 □良好 □合格 □不合格
菜品质量	□优秀 □良好 □合格 □不合格	□优秀 □良好 □合格 □不合格	□优秀 □良好 □合格 □不合格
操作规范	□优秀 □良好 □合格 □不合格	□优秀 □良好 □合格 □不合格	□优秀 □良好 □合格 □不合格
卫生安全	□优秀 □良好 □合格 □不合格	□优秀 □良好 □合格 □不合格	□优秀 □良好 □合格 □不合格
签　　名			

拓展提升

清代袁枚在《随园食单》中着笔"醋有陈新之殊，不可丝毫错误"。可见烹饪中用醋之讲究。无论中外，醋都是一味重要且悠久的调料。醋除了酸味，还有绵、香、甜等口感。不同品种的醋在入菜时作用也不同，比如调味、蘸料、去腥、软化、杀菌、保健等。烹饪技巧也颇有学问，放入的时间、位置与使用器皿不同，对烹调的菜肴也会起到不同影响。

实训练习

此菜品为何选用小鲫鱼？

 实训2 **炸烹里脊**

扫二维码
观看实训视频

实训目标

❶ 养成良好的卫生习惯，并遵守行业规范。

❷ 掌握炸烹的烹调方法及操作要领。

❸ 能够按照制作工艺，在规定时间内完成炸烹里脊的制作。

实训描述

此菜是以猪里脊经挂糊、油炸至外酥里嫩，再烹上调味汁制作而成。

实训要求

色泽浅红，外酥里嫩。

实训准备

1. 设备与工具

操作台，菜墩，炉灶，炒锅，菜刀。

2. 原料与用量

主料：猪里脊200克。

配料：香菜5克，葱丝、姜丝各10克，鸡蛋黄1个。

调料：精盐2克，味精2克，酱油10克，料酒10克，清汤30克，清油1000克，葱姜汁10克，香油5克，淀粉150克，蒜5克。

实训分解

环节一：初加工处理

猪里脊去除筋膜，香菜择洗干净。

问题探究：猪里脊为什么去筋膜？

环节二：切配

将猪里脊先片成1厘米厚的大片，两面打上花刀，切成5厘米长、1厘米粗的条，香菜切段，蒜切片。

问题探究：猪里脊打花刀的目的是什么？

环节三：腌渍

猪里脊条加葱姜汁、料酒、精盐腌渍20分钟。

环节四：制糊

将鸡蛋黄打散，加入清水、淀粉搅匀成糊。

环节五：油炸烹汁

❶ 锅内加入油，烧至200℃，将肉条挂糊分散投入油内，略炸捞出，油温回升复炸至金黄色，倒出控净油。

❷ 将料酒、清汤、酱油、精盐、味精兑成调味汁。

❸ 锅内加入底油，加入葱、姜丝炒香，烹入调味汁，倒入炸好的肉条、香菜段，淋香油翻拌均匀，装盘即可。

> ⊘ 知识链接：烹
>
> 　　原料经熟处理后，加入调味汁，利用高温，使味汁大部分汽化而渗入原料并快速收干的烹调方法。

环节六：卫生整理

工具回收，卫生整理。

操作要领

❶ 肉条要长短一致，粗细均匀。

❷ 炸制时要采用二次复炸的方法，才能够达到外酥里嫩。

实训评价

请根据实训任务的完成情况或达标程度，赋予相应评价。

评价项目	学生自评	班组评价	教师评价
加工成形	□优秀 □良好 □合格 □不合格	□优秀 □良好 □合格 □不合格	□优秀 □良好 □合格 □不合格
工艺流程	□优秀 □良好 □合格 □不合格	□优秀 □良好 □合格 □不合格	□优秀 □良好 □合格 □不合格
油温火候	□优秀 □良好 □合格 □不合格	□优秀 □良好 □合格 □不合格	□优秀 □良好 □合格 □不合格

续表

评价项目	学生自评	班组评价	教师评价
菜品质量	□优秀 □良好 □合格 □不合格	□优秀 □良好 □合格 □不合格	□优秀 □良好 □合格 □不合格
操作规范	□优秀 □良好 □合格 □不合格	□优秀 □良好 □合格 □不合格	□优秀 □良好 □合格 □不合格
卫生安全	□优秀 □良好 □合格 □不合格	□优秀 □良好 □合格 □不合格	□优秀 □良好 □合格 □不合格
签　名			

拓展提升

学会制作此菜，还可以用同样技法制作"炸烹大虾""炸烹鱼片"等。

实训练习

炸烹里脊与抓炒里脊的区别是什么？

任务6 烹调方法"拔丝"的应用

拔丝是将经油炸的半成品，放入由白糖熬制的糖液内，粘裹挂糖成菜的烹调方法。由于半成品挂好糖液后，将相互粘连在一起的菜肴拉开时，糖液能拔出糖丝，故以拔丝命名。

拔丝菜品呈琥珀色，具有明亮晶莹、外脆里嫩、口味香甜的特点，适用香蕉、苹果、橘子、山楂、梨、山药、地瓜、土豆、莲子等原料。

 实训1 拔丝苹果

实训目标

❶ 养成良好的卫生习惯，并遵守行业规范。

扫二维码
观看实训视频

❷ 掌握蛋黄糊调制及熬糖的操作要领。

❸ 能够按照制作工艺，在规定时间内完成拔丝苹果的制作。

实训描述

拔丝苹果是以烹调方法加主料命名的一道菜肴。

拔丝苹果选用山东烟台的青香蕉苹果为原料，经炒糖拔丝而成。烟台苹果蜚声中外，烟台土质适宜苹果的生长，所产苹果味道甘美异常。所以，此菜被誉为山东名肴。此菜制成后，宜热吃快吃，牵食有丝，似蚕吐细丝。

实训要求

色泽金黄，酥脆香甜。

实训准备

1. 设备与工具

操作台，炉灶，炒锅，手勺，漏勺，菜墩，菜刀。

2. 原料与用量

主料：苹果350克。

调料：白糖150克，鸡蛋黄1个，面粉75克，淀粉200克，色拉油1000克。

实训分解

环节一：初加工处理

将苹果洗净，去皮、核，切成滚料块。

环节二：调蛋糊

将鸡蛋黄加干淀粉、面粉、清水、色拉油调成蛋黄糊。

✐ 知识链接1：蛋黄糊的调制

鸡蛋黄30克朝一个方向搅打均匀，加入面粉100克和淀粉50克的混合粉、清水50克、色拉油20克调匀即可。

问题探究：拔丝苹果为什么要挂糊？

环节三：炸制

锅内放油烧至200℃，苹果块拍干淀粉挂蛋黄糊，下油锅内炸至外皮脆硬，呈金黄色时，倒出沥油。

环节四：熬糖

原锅留油25克，加入白糖，用勺不断搅拌至糖溶化，糖汁成浅黄色起丝时，倒入炸好的苹果块。

🔗 知识链接2：熬糖技巧

将白糖和油放入炒锅，置小火上并用手勺不停地搅炒，炒至糖液由稠变稀，呈浅黄色，即可下料拔丝。

环节五：装盘上桌

挂好糖液的苹果块颠翻均匀后，倒入事先抹上一层油脂的盘内。快速上桌，随带凉开水一碗。

环节六：卫生整理

工具回收，卫生整理。

操作要领

❶ 制糊时稠稀度要适当。

❷ 炸制时油温必须先控制在200℃。

❸ 熬糖时要注意火候。

实训评价

请根据实训任务的完成情况或达标程度，赋予相应评价。

评价项目	学生自评	班组评价	教师评价
加工成形	□优秀 □良好 □合格 □不合格	□优秀 □良好 □合格 □不合格	□优秀 □良好 □合格 □不合格
工艺流程	□优秀 □良好 □合格 □不合格	□优秀 □良好 □合格 □不合格	□优秀 □良好 □合格 □不合格

续表

评价项目	学生自评	班组评价	教师评价
油温火候	□优秀 □良好 □合格 □不合格	□优秀 □良好 □合格 □不合格	□优秀 □良好 □合格 □不合格
菜品质量	□优秀 □良好 □合格 □不合格	□优秀 □良好 □合格 □不合格	□优秀 □良好 □合格 □不合格
操作规范	□优秀 □良好 □合格 □不合格	□优秀 □良好 □合格 □不合格	□优秀 □良好 □合格 □不合格
卫生安全	□优秀 □良好 □合格 □不合格	□优秀 □良好 □合格 □不合格	□优秀 □良好 □合格 □不合格
签　　名			

拓展提升

学会了制作此菜，还可以运用拔丝的烹调技法制作"拔丝山药""拔丝香蕉"等。

实训练习

❶ 熬糖的方法有几种？

❷ 如何鉴别六成热的油温？

 拔丝土豆

实训目标

❶ 养成良好的卫生习惯，并遵守行业规范。

❷ 掌握土豆的种类及熬糖的操作要领。

❸ 能够按照制作工艺，在规定时间内完成拔丝土豆的制作。

扫二维码
观看实训视频

实训描述

拔丝土豆源于中国北部，不过如今全国各地都能吃到拔丝土豆，而且随着华侨的传播，日本、韩国都能吃到拔丝土豆。在日本甚至有冷冻的拔丝土豆，而韩国街头也有售卖拔丝土豆的摊位。

实训要求

色泽金黄，外酥里软。

实训准备

1. 设备与工具

操作台，案板，炉灶，菜刀，菜墩。

2. 原料与用量

主料：土豆500克。

调料：白糖150克，清油1000克，淀粉100克。

实训分解

环节一：初加工与熟处理

土豆洗净去皮，切成均匀的滚料块，浸煮投凉，拍淀粉备用。

🔗 **知识链接1：滚料块的成形**

将土豆去皮切成横截面2厘米见方的长条，然后将长条切成不规则的滚料块。

问题探究：土豆块为什么要浸煮？

环节二：炸制

将土豆块放入180℃的油锅中，炸至成熟呈金黄色时捞出。

环节三：熬糖成形与装盘

锅刷净加少许油、白糖，用慢火熬糖，糖融化呈金黄色时，倒入炸好的土豆翻勺，使糖液完全粘在土豆上；倒入抹过色拉油的盘内，上桌的时候外带凉开水。

🔗 **知识链接2：熬糖的操作关键**

熬糖时选择纯度高、结晶好的白糖，熬糖全程要小火，时刻注意糖的变化，呈金黄色时最佳。

问题探究：土豆为什么不挂糊？

操作要领

❶ 土豆改刀要均匀。

❷ 土豆浸煮要注意水温。

❸ 熬糖时要注意火候。

实训评价

请根据实训任务的完成情况或达标程度，赋予相应评价。

评价项目	学生自评	班组评价	教师评价
加工成形	□优秀 □良好 □合格 □不合格	□优秀 □良好 □合格 □不合格	□优秀 □良好 □合格 □不合格
工艺流程	□优秀 □良好 □合格 □不合格	□优秀 □良好 □合格 □不合格	□优秀 □良好 □合格 □不合格
油温火候	□优秀 □良好 □合格 □不合格	□优秀 □良好 □合格 □不合格	□优秀 □良好 □合格 □不合格
菜品质量	□优秀 □良好 □合格 □不合格	□优秀 □良好 □合格 □不合格	□优秀 □良好 □合格 □不合格
操作规范	□优秀 □良好 □合格 □不合格	□优秀 □良好 □合格 □不合格	□优秀 □良好 □合格 □不合格
卫生安全	□优秀 □良好 □合格 □不合格	□优秀 □良好 □合格 □不合格	□优秀 □良好 □合格 □不合格
签　名			

拓展提升

学会了制作此菜，还可以运用拔丝的烹调技法制作"拔丝芋头""拔丝地瓜"。

实训练习

❶ 加工土豆的刀法是什么？

❷ 土豆炸制时为何拍淀粉？

❸ 选择什么样的土豆比较好？

 实训3 空心琉璃丸子

实训目标

❶ 养成良好的卫生习惯，并遵守行业规范。

❷ 掌握琉璃烹调方法及操作要领。

❸ 能够按照制作工艺，在规定时间内完成空心琉璃丸子的制作。

扫二维码
观看实训视频

实训描述

空心琉璃丸子是聊城历史名菜，其原料普通，但技术含量高。丸子内部不加任何受热融化的原料，完全是通过对面粉的理化性质及油温恰到好处的掌握而制作成功的，彰显了技术的独到。

实训要求

色泽金黄，外圆内空，酥脆香甜。

实训准备

1．设备与工具

操作台，炉灶，擀面杖，炒锅，盆子。

2．原料与用量

主料：精面粉100克，白糖150克。

配料：鸡蛋黄1个。

调料：香油10克，色拉油1000克。

实训分解

环节一：烫面

将精面粉放入碗内，用沸水烫透，搅拌成厚糊状，凉透后掺入鸡蛋黄搅匀备用。

> (✐) **知识链接1：烫面糊调制**
>
> 用100℃的沸水调制而成的面糊。先将面粉倒在盆内，加入沸水，用擀面杖朝一个方向搅成厚糊。

问题探究：为什么要朝一个方向搅拌？

环节二：油炸

❶ 炒锅内放入色拉油，烧至180℃，把厚糊做成的丸子下入油锅，炸至挺身浮起时用筷子分离开，捞出控油。

❷ 将油温烧至240℃，把丸子倒入复炸；面糊受热后气体随即吐出，形成空心丸；丸子炸至金黄色时捞出控油。

❸ 将丸子外面多余部分去除，下入油锅内炸至酥脆捞出控油。

环节三：挂琉璃

炒锅内放入香油，中火烧至150℃时放入白糖，以小火炒熬，用手勺朝一个方向慢慢搅动，熬至金黄色时将丸子倒入，端离火口颠翻，使糖汁均匀地粘满丸子；将丸子倒入盘内，用筷子分离开，凉凉后装盘即成。

> (✐) **知识链接2："琉璃"属于烹调方法"拔丝"**
>
> 琉璃是将油炸的半成品原料放入熬好的糖浆中，挂匀糖浆，盛入盘内，用筷子拨开，凉透成菜的技法，属于烹调方法"拔丝"的不同展现形式。

问题探究：为什么二次复炸能够抽空？

环节四：卫生整理

工具回收，卫生整理。

操作要领

❶ 要用沸水烫面，糊要搅拌上劲。

❷ 复炸是关键，一定要控制好油温。

❸ 一定要凉后装盘，防止粘连。

实训评价

请根据实训任务的完成情况或达标程度，赋予相应评价。

评价项目	学生自评	班组评价	教师评价
加工成形	□优秀 □良好 □合格 □不合格	□优秀 □良好 □合格 □不合格	□优秀 □良好 □合格 □不合格
工艺流程	□优秀 □良好 □合格 □不合格	□优秀 □良好 □合格 □不合格	□优秀 □良好 □合格 □不合格
油温火候	□优秀 □良好 □合格 □不合格	□优秀 □良好 □合格 □不合格	□优秀 □良好 □合格 □不合格
菜品质量	□优秀 □良好 □合格 □不合格	□优秀 □良好 □合格 □不合格	□优秀 □良好 □合格 □不合格
操作规范	□优秀 □良好 □合格 □不合格	□优秀 □良好 □合格 □不合格	□优秀 □良好 □合格 □不合格
卫生安全	□优秀 □良好 □合格 □不合格	□优秀 □良好 □合格 □不合格	□优秀 □良好 □合格 □不合格
签　名			

拓展提升

学会了制作此菜，还可以制作"琉璃面包""琉璃莲子"等菜品。

实训练习

制作空心琉璃丸子应该怎样挑选面粉？

任务7 烹调方法"挂霜"的应用

挂霜是指将经过初步熟处理的半成品，粘裹一层主要由白糖熬制成的糖液，冷却后成霜状或撒上一层糖粉成菜的烹调方法。

挂霜具有色泽洁白、甜香酥脆的特点，适用核桃仁、花生仁、鸡蛋、苹果、猪肥膘等原料。

 实训1 挂霜腰果

实训目标

❶ 养成良好的卫生习惯，并遵守行业规范。

❷ 掌握挂霜的烹调技法及操作要领。

❸ 能够按照操作要求，在规定时间内完成挂霜腰果的制作。

扫二维码
观看实训视频

实训描述

挂霜腰果是中餐烹饪中传统的冷食甜菜，其制作方法是将主料炸熟，采用水熬糖法加工而成，冷却后成品表面粘满一层细细的白糖，好似霜雪，因而得名。

实训要求

成品洁白，香甜酥脆。

实训准备

1. 设备与工具

操作台，炉灶，炒锅，手勺，漏勺。

2. 原料与用量

主料：腰果300克。

调料：白糖150克，面粉25克，清油750克。

实训分解

环节一：炸腰果

将腰果用温水泡透，粘匀面粉放入160℃的油锅内，微火炸至熟透，倒出控净油。

> **知识链接1：油温的分类**
>
> 1. 温油，也称为三四成热。油温在100℃左右，此时油面泛起白泡，无声响和青烟。
> 2. 温热油，也称为五六成热。油温在150℃左右，此时油面向四周翻动，略有青烟升起，这种油温最适合煎、软炸等。
> 3. 热油，也称为七八成热。油温在200℃左右，此时油面的翻动转向平静，青烟四起并向上冲，这种油可适用于炸、走红等烹调方法。

问题探究：炸制时为什么火力控制在微火？

环节二：熬糖

将锅、手勺刷洗干净，加入清水，放入白糖，慢火熬至糖汁浓稠呈乳白色，倒入腰果，离火翻拌均匀，随着温度下降形成糖霜，冷却后装盘即可。

> **知识链接2：菜品装盘的要求**
>
> 1. 卫生是第一要素，这样看得放心，吃得安心，器皿要消毒、干净。
> 2. 在装盘的过程中一定要突出主料，使菜肴丰满有韵味，让客人一看便觉得赏心悦目。
> 3. 注意菜肴形、色的美观。
> 4. 器皿的选择一般需要根据菜肴的特点、分量、用途等来选择。

问题探究：糖的质量如何鉴定？

环节三：卫生整理

工具回收，卫生整理。

操作要领

❶ 炸腰果时，要选用清油，油温不宜过高防止原料上色。

❷ 炒锅等工具要清洗干净。

❸ 熬糖时用小火，保持糖液色泽洁白。

实训评价

请根据实训任务的完成情况或达标程度，赋予相应评价。

评价项目	学生自评	班组评价	教师评价
加工成形	□优秀 □良好 □合格 □不合格	□优秀 □良好 □合格 □不合格	□优秀 □良好 □合格 □不合格
工艺流程	□优秀 □良好 □合格 □不合格	□优秀 □良好 □合格 □不合格	□优秀 □良好 □合格 □不合格
油温火候	□优秀 □良好 □合格 □不合格	□优秀 □良好 □合格 □不合格	□优秀 □良好 □合格 □不合格
菜品质量	□优秀 □良好 □合格 □不合格	□优秀 □良好 □合格 □不合格	□优秀 □良好 □合格 □不合格
操作规范	□优秀 □良好 □合格 □不合格	□优秀 □良好 □合格 □不合格	□优秀 □良好 □合格 □不合格
卫生安全	□优秀 □良好 □合格 □不合格	□优秀 □良好 □合格 □不合格	□优秀 □良好 □合格 □不合格
签　　名			

拓展提升

学会挂霜的烹调技法，操作者还应根据不同食材制作不同宴席需求的挂霜类菜肴。

如"挂霜花生米"等。

实训练习

❶ 熬糖的步骤有哪些？

❷ 腰果是选用生腰果还是熟腰果？

❸ 炒糖为什么要用小火炒制？

 实训2　挂霜丸子

实训目标

扫二维码
观看实训视频

❶ 养成良好的卫生习惯，并遵守行业规范。

❷ 掌握蛋黄糊调制及操作要领。

❸ 能够按照制作工艺，在规定时间内完成挂霜丸子的制作。

实训描述

挂霜丸子是以烹调方法加主料、形状命名的一道菜肴。

挂霜丸子是鲁菜中的一道特色传统名菜，具有色白如霜、外皮焦酥香甜、内软嫩鲜美的特点。

实训要求

霜白如雪，焦酥香甜。

实训准备

1.设备与工具

操作台，炉灶，炒锅，手勺，漏勺，菜墩，菜刀。

2.原料与用量

主料：猪肥膘肉150克。

配料：鸡蛋黄20克，面粉75克。

调料：白糖150克，清油800克。

实训分解

环节一：初步加工处理

猪肥膘肉洗净煮熟，切成绿豆大小的粒。

环节二：调制丸子糊

将肉粒拌上鸡蛋黄、面粉、清水30克搅成厚糊状，做成直径2.5厘米的丸子（俗称栗子丸）。

⊘ 知识链接1：蛋黄糊的调制

将蛋黄搅打均匀，加入面粉、清水调匀即可。

问题探究：为什么本菜品蛋黄糊的用水量少？

环节三：炸制

炒锅内放入花生油，烧至150℃时，将丸子下锅，待外皮发硬后改用小火炸熟炸酥，捞出控净余油。

环节四：熬糖

锅内加清水、白糖，用中小火熬糖，水分蒸发，大泡变小泡时，倒入炸好的丸子轻轻不断推翻，使其粘满糖液，至糖凉起霜即可。

⊘ 知识链接2：挂霜的关键

油炸原料时，对不挂糊的大块硬质食材先用130~170℃的温度炸至外皮酥脆，再转小火慢炸以确保均匀成熟；挂糊食材如雪衣糊用小火温油炸至色泽洁白，酥糊食材则用中火热油炸至糊层膨胀、表面光滑。熬糖时，先中火烧沸加清水和白糖，撇沫后转中小火至糖浆浅黄时加入原料。整个过程应保持小火并持续搅拌，以防止糖浆烧焦。挂霜温度控制在20~60℃，糖浆黏稠度适中。观察糖浆颜色变化，从白色大泡到浅黄色是挂霜的理想状态。遵循这些步骤和技巧，可精准控制挂霜火候，制作出色香味俱佳的挂霜菜肴。

环节五：装盘上桌

将成霜的丸子盛入盘子内。

环节六：卫生整理

工具回收，卫生整理。

操作要领

❶ 猪肥膘肉不能煮得太烂，以能插进筷子为宜，即八九成熟。

❷ 炸制时油温必须先控制在150℃。

❸ 炸丸子时火不能太大，要用小火浸炸，使肥肉中的油浸出。

实训评价

请根据实训任务的完成情况或达标程度，赋予相应评价。

评价项目	学生自评	班组评价	教师评价
加工成形	□优秀 □良好 □合格 □不合格	□优秀 □良好 □合格 □不合格	□优秀 □良好 □合格 □不合格
工艺流程	□优秀 □良好 □合格 □不合格	□优秀 □良好 □合格 □不合格	□优秀 □良好 □合格 □不合格
油温火候	□优秀 □良好 □合格 □不合格	□优秀 □良好 □合格 □不合格	□优秀 □良好 □合格 □不合格
菜品质量	□优秀 □良好 □合格 □不合格	□优秀 □良好 □合格 □不合格	□优秀 □良好 □合格 □不合格
操作规范	□优秀 □良好 □合格 □不合格	□优秀 □良好 □合格 □不合格	□优秀 □良好 □合格 □不合格
卫生安全	□优秀 □良好 □合格 □不合格	□优秀 □良好 □合格 □不合格	□优秀 □良好 □合格 □不合格
签　名			

拓展提升

学会了制作此菜，还可以运用挂霜的烹调技法制作"酥白肉"。

实训练习

如何鉴别挂霜火候？

项目五　"汽烹法"在菜肴制作中的应用

任务1　烹调方法"蒸"的应用

蒸是指将经过加工切配、调味后的原料，利用蒸汽加热使之成熟入味成菜的烹调方法。蒸制菜肴由于用料的不同，一般可以分为清蒸和粉蒸等。

采用蒸的方法烹制菜肴，由于蒸笼内的湿度已达到饱和状态，菜肴中的汤汁、水分不蒸发，因此能够使蒸制成熟的菜肴既保持原料的原汁鲜味，又能使菜肴的造型不变，故而一些花色艺术菜大都采用蒸的方法烹制而成。

 ### 实训1　蒸酥肉

实训目标

❶ 养成良好的卫生习惯，并遵守行业规范。

❷ 掌握蒸的烹调方法及操作要领。

❸ 能够按照制作工艺，在规定时间内完成蒸酥肉的制作。

扫二维码
观看实训视频

实训描述

蒸酥肉是一款较为传统的民间菜品，是将猪五花肉切片后挂糊，经油炸至外皮酥脆，加调味汤汁，蒸制而成的一道菜品。

实训要求

色泽红润，质感酥烂，口味咸香。

实训准备

1. 设备与工具

操作台，菜墩，炉灶，菜刀，炒锅。

2. 原料与用量

主料：猪五花肉300克。

配料：香菜5克。

调料：八角4克，料酒5克，精盐4克，酱油10克，胡椒粉3克，淀粉75克，葱段10克，姜片10克，蒜末10克，清汤150克，香油5克，味精2克，清油1000克（约耗75克）。

实训分解

环节一：切配

将猪五花肉切成3.5厘米长、2.5厘米宽、0.3厘米厚的片。香菜切段。

> **知识链接1：怎样挑选猪五花肉**
>
> 挑选优质猪五花肉时，需注意以下几点：外观上，新鲜的猪五花肉颜色粉红或红，有光泽，脂肪呈白色或乳黄色；纹理上，应有清晰的肥瘦相间层，油脂分布均匀；手感上，质地弹性好，皮面不干涩或油腻；气味上，应有淡淡肉香，无异味；部位选择上，上五花适合做馅料，下五花适合红烧或粉蒸。综合这些因素，可确保挑选到新鲜且适合烹饪的猪五花肉。

问题探究：猪五花肉还可以制作什么菜品？

环节二：腌渍

将肉片加精盐、料酒腌渍入味。

环节三：挂糊油炸

❶ 肉片加入湿淀粉，挂上一层水粉糊。

❷ 油温200℃下入肉片炸至外皮发酥捞出。

> **知识链接2：水粉糊的调制**
>
> 水粉糊又称干浆糊，由淀粉和水按比例混合。它能增加菜肴的酥脆度和金黄色泽。适用于炸、熘、烹等多种烹调方法，使食物外酥里嫩。如醋熘黄鱼和糖醋里脊等经典菜肴都需用到水粉糊。

问题探究：为什么肉片要炸得外皮酥脆？

环节四：蒸制成菜

❶ 将肉片装入蒸碗内，加入葱段、姜片、八角、酱油、料酒、精盐、味精、清汤，上笼蒸约40分钟取出，扣入汤盘内。

❷ 将原汤倒入锅内，烧开，加入胡椒粉、香菜段、蒜末、香油、精盐、味精调好口味，浇在肉上即可。

环节五：卫生整理

工具回收，卫生整理。

操作要领

❶ 肉片要大小一致，厚薄均匀。

❷ 挂糊要均匀。

❸ 油炸时肉片不要粘连。

实训评价

请根据实训任务的完成情况或达标程度，赋予相应评价。

评价项目	学生自评	班组评价	教师评价
加工成形	□优秀 □良好 □合格 □不合格	□优秀 □良好 □合格 □不合格	□优秀 □良好 □合格 □不合格
工艺流程	□优秀 □良好 □合格 □不合格	□优秀 □良好 □合格 □不合格	□优秀 □良好 □合格 □不合格
油温火候	□优秀 □良好 □合格 □不合格	□优秀 □良好 □合格 □不合格	□优秀 □良好 □合格 □不合格
菜品质量	□优秀 □良好 □合格 □不合格	□优秀 □良好 □合格 □不合格	□优秀 □良好 □合格 □不合格
操作规范	□优秀 □良好 □合格 □不合格	□优秀 □良好 □合格 □不合格	□优秀 □良好 □合格 □不合格
卫生安全	□优秀 □良好 □合格 □不合格	□优秀 □良好 □合格 □不合格	□优秀 □良好 □合格 □不合格
签　　名			

拓展提升

学会制作此菜后，运用蒸的技法还可以制作"蒸排骨""蒸鱼块"等。

实训练习

❶ 蒸酥肉用什么火力？

❷ 炸肉时用什么油温？

 实训2 **蒸天鹅蛋**

实训目标

❶ 养成良好的卫生习惯，并遵守行业规范。

❷ 掌握蒸的烹调技法及蒸天鹅蛋的操作要领。

❸ 能够按照操作要求，在规定时间内完成蒸天鹅蛋的制作。

扫二维码
观看实训视频

实训描述

天鹅蛋先开壳取其净肉清洗干净，用蒸的烹调方法，配粉丝、蒜蓉酱，装入原壳成形蒸制后淋热油成菜，色泽明亮，蒜香味浓郁。

实训要求

色泽鲜亮，鲜嫩味美。

实训准备

1. 设备与工具

操作台，案板，炉灶，炒锅，手勺，漏勺，菜墩，菜刀。

2. 原料与用量

主料：原壳天鹅蛋5个。

配料：水发粉丝150克，蒜蓉100克，青红椒米各5克。

调料：精盐3克，味精3克，料酒10克，清油75克，蚝油30克。

实训分解

环节一：制作金银蒜蓉酱

锅内加油，烧至150℃，将70克蒜蓉用慢火炸成金黄色，倒出。将炸蒜蓉、生蒜蓉拌匀成酱。

> **🔗 知识链接1：天鹅蛋简介**
>
> 　　天鹅蛋学名紫石房蛤，隶属于软体动物门双壳纲帘蛤目帘蛤科石房蛤属，是一种珍贵的大型经济贝类，也是烟台沿海地区著名的海产珍品。其贝壳坚硬且厚实，形状略呈卵圆形，外壳呈黄褐色，而内壳面则呈现暗紫色并带有珍珠般的光泽。成年紫石房蛤的壳长通常在6~8厘米，重量为70~85克，而最大的个体壳长可达12厘米，重量可超过400克。其肉质丰满，口感鲜美，被认为是蛤类中的上等佳肴。

环节二：天鹅蛋的初步加工

❶ 采用工具将壳撬开，保持壳的完整并清洗干净。

❷ 剔除内脏，洗去泥沙。

❸ 采用片刀法片成片。

❹ 如使用冻品可用精盐水清洗后再清洗干净。

问题探究：你还知道哪些贝类水产品？

环节三：成形蒸制

将天鹅蛋肉片成片，放入盆中，加入水发粉丝、蚝油、料酒、精盐、味精、金银蒜蓉酱，均匀地装入天鹅蛋壳中，摆入盘内，上笼蒸8分钟，取出。将青红椒米撒在天鹅蛋上。

> **🔗 知识链接2：蒸制菜肴的特点**
>
> 　　蒸制菜肴富含营养，质感软嫩、形态完整、原汁原味。

> **🔗 知识链接3：蒸的注意事项**
>
> 　　蒸菜制作应注意以下几点：

1. 严格掌握蒸菜的火候，制作蒸菜要根据不同品种和不同的原料性质，掌握好蒸汽温度和蒸制时间。

2. 用于蒸菜的原料必须新鲜，调味宜轻不宜重。

环节四：淋热油

锅内加油，烧至200℃，浇在天鹅蛋上即可。

问题探究：蒸汽的最高温度是多少？

环节五：卫生整理

工具回收，卫生整理。

操作要领

❶ 炸制蒜蓉时要控制好油温。

❷ 天鹅蛋清洗要干净。

❸ 蒸制时控制好时间。

实训评价

请根据实训任务的完成情况或达标程度，赋予相应评价。

评价项目	学生自评	班组评价	教师评价
加工成形	□优秀 □良好 □合格 □不合格	□优秀 □良好 □合格 □不合格	□优秀 □良好 □合格 □不合格
工艺流程	□优秀 □良好 □合格 □不合格	□优秀 □良好 □合格 □不合格	□优秀 □良好 □合格 □不合格
油温火候	□优秀 □良好 □合格 □不合格	□优秀 □良好 □合格 □不合格	□优秀 □良好 □合格 □不合格
菜品质量	□优秀 □良好 □合格 □不合格	□优秀 □良好 □合格 □不合格	□优秀 □良好 □合格 □不合格

续表

评价项目	学生自评	班组评价	教师评价
操作规范	□优秀 □良好 □合格 □不合格	□优秀 □良好 □合格 □不合格	□优秀 □良好 □合格 □不合格
卫生安全	□优秀 □良好 □合格 □不合格	□优秀 □良好 □合格 □不合格	□优秀 □良好 □合格 □不合格
签　名			

拓展提升

以粉丝为原料做筵席菜品时，操作者应提升食材的品质，用活虾、大连鲍等更高档的食材作为主料；提升外形美观度，可制作更加精致的造型菜品提高筵席档次。

实训练习

❶ 什么是蒸？

❷ 如何加工天鹅蛋？

任务2 烹调方法"隔水炖"的应用

炖分为两大类：一类为隔水炖，另一类为不隔水炖。隔水加热使原料成熟的方法为隔水炖。原料先要焯水去腥，然后放入瓷制或陶制的器皿内，加葱、姜、酒等调味品与汤汁，封口后放入水锅内炖。有的还可以将加工好的原料放入炖盅、气锅等器皿内，加入适量的汤汁，封闭后在蒸汽中加热烹制，这种方法也称为蒸炖。

隔水炖的原料鲜香味不走失，富有原料原有的风味，且汤汁澄清。

 八宝布袋鸡

实训目标

❶ 养成良好的卫生习惯，并遵守行业规范。

❷ 掌握整鸡出骨技能及操作要领。

❸ 能够按照制作工艺，在规定时间内完成八宝布袋鸡的制作。

扫二维码
观看实训视频

实训描述

将鸡从锁骨处开刀，将皮肉翻剥，剔出鸡骨，使之复原后，填入以海参、干贝、鱼肚、莲子、口蘑等配制而成的八宝馅，鸡的腹部鼓起犹如布袋，入笼蒸熟后，用奶汤调制，故名八宝布袋鸡。

实训要求

整鸡原形，汤鲜味美，营养丰富。

实训准备

1. 设备与工具

操作台，菜墩，炉灶，菜刀，炒锅，蒸车。

2. 原料与用量

主料：净嫩母鸡1只（约1000克）。

配料：水发海参25克，水发干贝25克，猪瘦肉25克，火腿25克，水发鱼肚25克，水发莲子25克，口蘑25克，水发玉兰片25克，水发香菇2个，菜心2个。

调料：葱段10克，姜片10克，葱末3克，姜末2克，姜汁5克，精盐5克，绍酒10克，清汤1000克，奶汤750克，鸡油10克，熟猪油15克。

实训分解

环节一：整鸡出骨、切配

❶ 将整鸡冲洗干净，从鸡的锁骨处入口，将鸡骨完整地剔出。

❷ 将水发海参、水发干贝、猪瘦肉、火腿20克、水发鱼肚、水发莲子、口蘑、水发玉兰片20克均切成1厘米见方的丁，火腿5克、香菇、菜心、玉兰片5克改刀。

> 🔗 **知识链接1：整鸡出骨**
>
> 在鸡锁骨处开口，先剔翅骨，再剔胸骨，再剔腿骨，剁去嘴尖、翅尖、爪尖。保持鸡皮不破，灌水不漏。

问题探究：什么烹饪原料适用于蒸？

环节二：制馅、成形

将各种丁用开水焯一下，放入精盐2克、绍酒10克、葱末、姜末拌匀调为"八宝馅"，装入鸡腹内，将鸡头从脖子处绕过，把刀口封住。

环节三：成熟

❶ 把布袋鸡放入沸水烫透捞出，加入清汤、葱段、姜片、绍酒、精盐用旺火蒸熟取出，去掉葱姜，倒出汤汁。将火腿、香菇、菜心、玉兰片，用沸水焯过，然后整齐地摆在鸡身上。

❷ 锅内放猪油，在中火上烧至180℃，放葱段、姜片稍炸加入奶汤、绍酒、姜汁、精盐，烧沸后捞出葱姜，将汤倒入汤盆内，淋鸡油即成。

> **知识链接2：烹调方法"隔水炖"**
>
> 将原料焯水，洗净后放入陶制器皿内，加清水或汤及葱、姜、料酒盖上盖，并用湿桑皮纸封住缝隙，置于小锅内，锅内水量低于器皿，以水沸时不进入器皿为宜，盖严锅盖，用旺火蒸90分钟左右，再经调味而成。另有一法是将放入原料及汤水的陶制器皿置于笼屉中，旺火猛蒸而成，此法，又称为蒸炖。

问题探究：整鸡出骨有几种方法？

环节四：卫生整理

工具回收，卫生整理。

操作要领

❶ 整鸡出骨要保持鸡皮不破，灌水不漏。
❷ 蒸制时要将容器密封，以防香气外泄。

实训评价

请根据实训任务的完成情况或达标程度，赋予相应评价。

评价项目	学生自评	班组评价	教师评价
加工成形	□优秀 □良好 □合格 □不合格	□优秀 □良好 □合格 □不合格	□优秀 □良好 □合格 □不合格
工艺流程	□优秀 □良好 □合格 □不合格	□优秀 □良好 □合格 □不合格	□优秀 □良好 □合格 □不合格

续表

评价项目	学生自评	班组评价	教师评价
油温火候	□优秀 □良好 □合格 □不合格	□优秀 □良好 □合格 □不合格	□优秀 □良好 □合格 □不合格
菜品质量	□优秀 □良好 □合格 □不合格	□优秀 □良好 □合格 □不合格	□优秀 □良好 □合格 □不合格
操作规范	□优秀 □良好 □合格 □不合格	□优秀 □良好 □合格 □不合格	□优秀 □良好 □合格 □不合格
卫生安全	□优秀 □良好 □合格 □不合格	□优秀 □良好 □合格 □不合格	□优秀 □良好 □合格 □不合格
签　名			

拓展提升

学会了制作此菜还可以制作"布袋鸽""三套鸭"等菜品。

实训练习

加强整鸡或整鸭的出骨练习。

 实训2 **清炖乳鸽**

实训目标

❶ 坚持规范操作，养成良好的卫生习惯。

❷ 了解鸽子的质地和食材搭配的相关知识。

❸ 掌握烹调技法，按操作流程完成清炖乳鸽的制作。

实训描述

清炖乳鸽保存了乳鸽的美味。

实训要求

汤清味醇，鸽肉熟烂。

实训准备

1. 设备与工具

案板，菜刀，电饭煲，汤盅。

2. 原料与用量

主料：乳鸽1只（约300克）。

调料：精盐3克，味精2克，姜3克，清汤500克，料酒3克。

实训分解

环节一：原料切配

将乳鸽去除内脏、喉管和肺，清洗干净备用，姜切大片备用。

问题探究：禽类原料的肺为什么要清除干净？

环节二：初步熟处理

将清理干净的乳鸽入凉水锅中焯水，去净血污取出用凉水再次冲洗干净。

环节三：隔水炖

将清理干净的乳鸽放入汤盅内，鸽脯朝上，放入姜片，加入清汤、精盐、味精、料酒调好味，用保鲜膜封上口放入电饭煲内隔水炖约1小时，上桌时去掉姜片。

> **知识链接：隔水炖的优点**
>
> 隔水炖能保持原料的营养成分不易流失，并且汤汁较清、鲜美味保留较好。

环节四：卫生整理

工具清洗回收，炉灶擦洗干净。

操作要领

❶ 鸽子要彻底清理去除内脏。

❷ 焯水要透，否则汤易浑。

❸ 炖时要封好容器口，防止进水。

实训评价

请根据实训任务的完成情况或达标程度，赋予相应评价。

评价项目	学生自评	班组评价	教师评价
加工成形	□优秀 □良好 □合格 □不合格	□优秀 □良好 □合格 □不合格	□优秀 □良好 □合格 □不合格
工艺流程	□优秀 □良好 □合格 □不合格	□优秀 □良好 □合格 □不合格	□优秀 □良好 □合格 □不合格
水温控制	□优秀 □良好 □合格 □不合格	□优秀 □良好 □合格 □不合格	□优秀 □良好 □合格 □不合格
菜品质量	□优秀 □良好 □合格 □不合格	□优秀 □良好 □合格 □不合格	□优秀 □良好 □合格 □不合格
操作规范	□优秀 □良好 □合格 □不合格	□优秀 □良好 □合格 □不合格	□优秀 □良好 □合格 □不合格
卫生安全	□优秀 □良好 □合格 □不合格	□优秀 □良好 □合格 □不合格	□优秀 □良好 □合格 □不合格
签　　名			

拓展提升

隔水炖的原料要选用味道鲜美的原料，如甲鱼、乌鸡等。

实训练习

鸽子如何宰杀？

 项目六 其他烹调方法在菜肴制作中的应用

任务1 烹调方法"烤"的应用

烤是将生料腌渍或加工成半熟制品后，再放入烤炉内。用柴、炭、煤或煤气等为燃料，利用辐射热能，把原料直接烤熟的烹调方法。原料经烘烤后，表层水分散发，使原料产生松脆的表面和焦香的滋味。

烤又可分为暗炉烤和明炉烤两种。暗炉烤是将原料挂在烤钩上，放入烤炉内，进行烤制，使成品外脆里嫩的一种做法，如北京烤鸭。明炉烤是把原料放在铁架上或用烤钩、烤叉挂好或叉好，置于火炉或火盆上反复烤制的一种做法，如烤肉串。

除此之外，还有泥烤制作的叫化鸡，竹烤制作的竹烤鳗鱼、竹筒饭等。

 叫化鸡

实训目标

① 培养创新意识和发掘新食材、新口味的能力。

② 了解叫化鸡的历史典故及掌握操作要领。

③ 根据工艺流程能独立完成叫化鸡的制作。

扫二维码
观看实训视频

实训描述

相传，有一个叫化子，沿途讨饭流落到一个村庄，讨得一只鸡，欲宰杀煮食，可既无炊具，又没调料。于是便将鸡去掉内脏带毛，涂上黄泥紫草后置火中煨烤，鸡熟后剥去泥壳食之，故名叫化鸡。叫化鸡是杭州楼外楼名菜，其红润光亮、鲜香扑鼻、鸡香浓郁、鸡肉酥嫩、营养丰富、风味独特。

实训要求

色泽棕红，鸡肉酥嫩。

实训准备

1. 设备与工具

炉灶，菜刀，菜墩，烤箱。

2. 原料与用量

主料：净雏鸡1只（约800克）。

配料：香菇50克，洋葱30克，荷叶1张，面粉
500克。

调料：五香粉10克，姜10克，料酒20克，酱油
5克，清油100克，精盐10克。

实训分解

环节一：初加工处理

❶ 将净雏鸡去掉嘴尖、爪尖、翅尖，去净内脏。

❷ 将香菇、洋葱改刀成丝备用。

问题探究：鸡在加工中为什么要去掉鸡尖、爪尖、翅尖？

环节二：腌制定形

将洗净的鸡加入香菇、洋葱、姜及各种调料拌匀略腌后。再把香菇、姜、洋葱酿入
鸡腹内。取荷叶将鸡包裹起来。用面粉调成面团，包在荷叶的外面。

环节三：成熟

将烤箱上火调至160℃，底火调到120℃，将鸡放入刷好油的烤盘内，烤80分钟即可。

环节四：卫生整理

清洗刀具，擦洗炉灶。

操作要领

❶ 鸡要腌制入味。

❷ 鸡要包裹紧实，防止出汤。

❸ 烤时要翻动，使受热均匀。

实训评价

请根据实训任务的完成情况或达标程度，赋予相应评价。

评价项目	学生自评	班组评价	教师评价
加工成形	□优秀 □良好 □合格 □不合格	□优秀 □良好 □合格 □不合格	□优秀 □良好 □合格 □不合格
工艺流程	□优秀 □良好 □合格 □不合格	□优秀 □良好 □合格 □不合格	□优秀 □良好 □合格 □不合格
温度火候	□优秀 □良好 □合格 □不合格	□优秀 □良好 □合格 □不合格	□优秀 □良好 □合格 □不合格
菜品质量	□优秀 □良好 □合格 □不合格	□优秀 □良好 □合格 □不合格	□优秀 □良好 □合格 □不合格
操作规范	□优秀 □良好 □合格 □不合格	□优秀 □良好 □合格 □不合格	□优秀 □良好 □合格 □不合格
卫生安全	□优秀 □良好 □合格 □不合格	□优秀 □良好 □合格 □不合格	□优秀 □良好 □合格 □不合格
签　　名			

拓展提升

借鉴叫化鸡的工艺流程，创新制作一款"锡包鲈鱼"。

实训练习

怎样挑选雏鸡？

任务2　烹调方法"盐烹"的应用

盐烹，广东菜称盐焗，指通过盐将热能传递给原料，使原料自身的水分汽化至熟的固体烹法。焗宜选用鲜活的烹饪原料。原料在焗制前一般要先腌制入味，并要静置一段时间，使之味透肌里。烹饪原料形体较大的，如整鸡、排骨、乳鸽、鹌鹑等，焗制时间要长些；如含水量相对较高、体小的烹饪原料，如龙虾、蟹等，焗制时间要短些，加热时应小火或微火为宜。

 盐焗鸡

实训目标

① 养成良好的卫生习惯，并遵守行业规范

② 掌握焗的烹调方法及鸡的加工处理。

③ 能够按照制作工艺，在规定时间内完成盐焗鸡的制作。

扫二维码
观看实训视频

实训描述

盐焗鸡是广东久负盛名的一道传统佳肴，也是广东本地客家招牌菜式之一，流行于广东深圳、惠州、河源、梅州等地，现已成为享誉国内外的经典菜式。

实训要求

色泽金黄，咸香适口。

实训准备

1. 设备与工具

操作台，案板，炉灶，菜刀。

2. 原料与用量

主料：鸡1只。

调料：精盐5克，料酒50克，葱段10克，姜片10克，清油100克，粗盐2000克，花椒5克，八角5克。

实训分解

环节一：初加工处理

将鸡去掉嘴尖、爪尖、翅尖，去净内脏，把葱段、姜片放进鸡腹中。

知识链接1: 鸡的初加工

鸡的初加工有去毛、去内脏、去脚爪、去头颈等步骤。首先,将鸡浸泡在热水中,使其毛发松软,然后用刀或者手轻轻拔去毛。接着,将鸡的内脏取出,包括心、肝、肺、胃等,清洗干净。然后,去掉鸡的脚爪和头颈部分。最后,清洗干净即可。

问题探究: 选用什么鸡做出来的味道更好?

环节二: 菜品成形

将精盐、料酒、花椒、八角、葱段、姜片和清油均匀地涂抹在鸡身上,然后用锡纸包裹,粗盐倒入锅内,小火炒至200℃,把鸡放入锅内,粗盐盖住鸡身,小火慢焗30分钟,改刀装盘即可。

知识链接2: 粗盐

粗盐是海水或盐井、盐池、盐泉中的盐水经煎晒而成的结晶,即天然盐,是未经加工的大粒盐,主要成分为氯化钠,但因含有氯化镁等杂质,在空气中较易潮解,因此存放时应注意湿度。

环节三: 卫生整理

工具回收,卫生整理。

操作要领

❶ 鸡宰杀要去净爪尖、嘴尖。

❷ 鸡腌制时要入味彻底。

❸ 焗时粗盐的温度要始终保持在200℃。

实训评价

请根据实训任务的完成情况或达标程度,赋予相应评价。

评价项目	学生自评	班组评价	教师评价
加工成形	□优秀 □良好 □合格 □不合格	□优秀 □良好 □合格 □不合格	□优秀 □良好 □合格 □不合格

续表

评价项目	学生自评	班组评价	教师评价
工艺流程	□优秀 □良好 □合格 □不合格	□优秀 □良好 □合格 □不合格	□优秀 □良好 □合格 □不合格
温度火候	□优秀 □良好 □合格 □不合格	□优秀 □良好 □合格 □不合格	□优秀 □良好 □合格 □不合格
菜品质量	□优秀 □良好 □合格 □不合格	□优秀 □良好 □合格 □不合格	□优秀 □良好 □合格 □不合格
操作规范	□优秀 □良好 □合格 □不合格	□优秀 □良好 □合格 □不合格	□优秀 □良好 □合格 □不合格
卫生安全	□优秀 □良好 □合格 □不合格	□优秀 □良好 □合格 □不合格	□优秀 □良好 □合格 □不合格
签　名			

拓展提升

学会了制作此菜，还可以运用焗的烹调技法制作"盐焗鸽"。

实训练习

❶ 应该选择什么样的鸡？

❷ 盐焗鸡用什么盐来焗？

任务3 烹调方法"煎"的应用

煎是指以少量油加入锅内，将加工处理成泥、粒状的原料做成饼形，或将原料切成片形挂糊然后放入锅中用小火煎熟并至两面酥脆成金黄色的烹调方法。

煎法具有色泽金黄、外酥脆内鲜嫩的特点，适用猪肉、牛肉、鸡、鸭、鱼、虾、鸡蛋等原料。

实训1　干煎丸子

实训目标

扫二维码
观看实训视频

❶ 养成良好的卫生习惯，并遵守行业规范。
❷ 掌握调制肉馅及干煎的操作要领。
❸ 能够按照制作工艺，在规定时间内完成干煎丸子的制作。

实训描述

干煎丸子是以烹调方法加主料形状命名的一道菜肴，这道菜也是山东传统菜品之一。

实训要求

色泽微红，外酥内嫩，鲜咸适口。

实训准备

1. 设备与工具

操作台，炉灶，炒锅，手勺，漏勺，菜墩，菜刀。

2. 原料与用量

主料：猪肉250克。

配料：马蹄60克。

调料：鸡蛋1个，葱15克，姜10克，料酒15克，精盐3克，淀粉60克，味精3克，酱油15克，清油75克，香油5克。

实训分解

环节一：切配

将猪肉剁成馅，葱、姜切末，马蹄切末。

环节二：制馅

将猪肉馅放入盆中，加入马蹄末、鸡蛋、精盐、味精、料酒、酱油、葱末、姜末、香油、淀粉搅拌均匀。

环节三：煎制

锅内加油烧热滑好，加入底油，烧至150℃，将肉馅挤成直径为2厘米的丸子，并按扁煎熟。

环节四：装盘上桌

将煎熟的丸子拖入盘中即可。

环节五：卫生整理

工具回收，卫生整理。

操作要领

❶ 制馅时不宜过稀。

❷ 煎制时油温不宜过高。

❸ 大翻勺要干净利索、保持形整。

实训评价

请根据实训任务的完成情况或达标程度，赋予相应评价。

评价项目	学生自评	班组评价	教师评价
加工成形	□优秀 □良好 □合格 □不合格	□优秀 □良好 □合格 □不合格	□优秀 □良好 □合格 □不合格
工艺流程	□优秀 □良好 □合格 □不合格	□优秀 □良好 □合格 □不合格	□优秀 □良好 □合格 □不合格
油温火候	□优秀 □良好 □合格 □不合格	□优秀 □良好 □合格 □不合格	□优秀 □良好 □合格 □不合格
菜品质量	□优秀 □良好 □合格 □不合格	□优秀 □良好 □合格 □不合格	□优秀 □良好 □合格 □不合格
操作规范	□优秀 □良好 □合格 □不合格	□优秀 □良好 □合格 □不合格	□优秀 □良好 □合格 □不合格
卫生安全	□优秀 □良好 □合格 □不合格	□优秀 □良好 □合格 □不合格	□优秀 □良好 □合格 □不合格
签　名			

拓展提升

在此菜的制作原料的基础上，可以加入虾肉末提升菜肴品质。

实训练习

❶ 煎制时需要多大油温？

❷ 如何保证丸子的酥软口感？

 煎虾饼

实训目标

❶ 养成良好的习惯，并遵守行业规范。

❷ 了解煎的概念和虾的属性知识。

❸ 能够按照操作工艺，在规定时间内完成煎虾饼的制作。

扫二维码
观看实训视频

实训描述

虾饼距今已有200多年的历史。清代文学家袁枚在《随园食单》中两次提到了虾饼："以虾捶烂，团而煎之，即为虾饼。""生虾肉、葱、盐、花椒、甜酒脚少许，加水和面，香油灼透。"虾饼最早流行于江南地区，是江南名小吃。

实训要求

咸鲜可口，软嫩香滑。

实训准备

1. 设备与工具

菜墩，菜刀，炒锅，炉灶。

2. 原料与用量

主料：虾仁100克。

配料：青萝卜350克，鸡蛋1个，猪肥膘肉50克，淀粉25克，色拉油50克。

调料：葱丝、姜丝各10克，精盐5克，味精3克，胡椒粉2克。

实训分解

环节一：切配

将虾仁和猪肥膘肉切小丁，青萝卜切丝，焯水过凉备用。

问题探究: 虾饼里边加入猪肥膘肉有什么作用?

环节二: 制馅

将虾仁丁、猪肥膘肉丁、青萝卜丝、葱丝、姜丝、精盐、味精、胡椒粉、鸡蛋、淀粉调制成馅。

环节三: 成熟

锅内放油烧至120℃, 将虾馅挤成直径为2.5厘米的丸子。边煎边压成饼, 煎至两面金黄成熟装盘即可。

环节四: 卫生整理

清洗工具, 擦洗炉灶。

操作要领

❶ 虾仁要切成黄豆大小的粒。

❷ 青萝卜丝要先焯水处理。

❸ 煎制时滑锅要滑好, 防止粘锅。

实训评价

请根据实训任务的完成情况或达标程度, 赋予相应评价。

评价项目	学生自评	班组评价	教师评价
加工成形	□优秀 □良好 □合格 □不合格	□优秀 □良好 □合格 □不合格	□优秀 □良好 □合格 □不合格
工艺流程	□优秀 □良好 □合格 □不合格	□优秀 □良好 □合格 □不合格	□优秀 □良好 □合格 □不合格
油温火候	□优秀 □良好 □合格 □不合格	□优秀 □良好 □合格 □不合格	□优秀 □良好 □合格 □不合格
菜品质量	□优秀 □良好 □合格 □不合格	□优秀 □良好 □合格 □不合格	□优秀 □良好 □合格 □不合格

续表

评价项目	学生自评	班组评价	教师评价
操作规范	□优秀 □良好 □合格 □不合格	□优秀 □良好 □合格 □不合格	□优秀 □良好 □合格 □不合格
卫生安全	□优秀 □良好 □合格 □不合格	□优秀 □良好 □合格 □不合格	□优秀 □良好 □合格 □不合格
签　名			

拓展提升

以煎虾饼为例，操作中加入猪肥膘肉以增加虾饼的口感和香味，提升虾饼的口感。用同样工艺还可煎制一些其他海鲜，如鲜贝、墨鱼等。

实训练习

❶ 青萝卜丝为什么要焯水？

❷ 调馅可以用面粉吗？

任务4 烹调方法"贴"的应用

贴是把几种黏合在一起的原料，制成饼状或厚片，下锅只贴一面，使其一面黄脆，而另一面鲜嫩的烹调方法。贴制菜肴具有色形美观、底面酥香、表面细嫩的特点。适用于鸡、鱼、虾、豆腐等原料。

贴与煎的不同之处是：贴只煎主料的一面；而煎要煎两面。

 锅贴鱼片

实训目标

❶ 养成良好的卫生习惯，并遵守行业规范。

❷ 掌握锅贴烹调技法的操作要领。

❸ 能够按照制作工艺，在规定时间内完成锅贴鱼片的制作。

扫二维码
观看实训视频

实训描述

锅贴鱼片是以烹调方法加主料命名的一道菜肴。

锅贴鱼片选用净鱼肉经刀工处理成片，采用特有的烹调方法加工制作而成，底部肥膘酥脆化渣，形态美观、甘香不腻。

实训要求

鱼片色白质嫩，咸鲜清香。

实训准备

1. 设备与工具

操作台，炉灶，炒锅，手勺，漏勺，菜墩，菜刀。

2. 原料与用量

主料：鳜鱼750克。

配料：虾仁100克，熟猪肥膘肉200克，火腿30克，去皮荸荠10克，香菜梗10克。

调料：鸡蛋2个，精盐3克，干淀粉100克，味精3克，白胡椒粉2克，料酒10克，湿淀粉50克，猪油300克。

实训分解

环节一：初加工处理

❶ 将鳜鱼洗净取鳜鱼肉，片去鱼皮，鱼肉片成5厘米长、3厘米宽、0.3厘米厚的片。熟猪肥膘肉片成5厘米长、3厘米宽、0.5厘米厚的片，各片成12片。

❷ 将虾仁剁成泥，去皮荸荠洗净拍碎后斩成末，火腿切末，香菜梗切末。

❸ 将蛋清、蛋黄分开打散，蛋黄加湿淀粉调成蛋黄糊。

环节二：腌渍

在鱼片内加入料酒、精盐、味精、鸡蛋清、湿淀粉拌匀上浆。

环节三：制馅

在虾仁泥和荸荠末中加入料酒、精盐、味精、鸡蛋清、湿淀粉、白胡椒粉、清水顺一个方向搅拌上劲。

环节四：制坯

每片熟猪肥膘肉的两面都拍上干淀粉，平摊在盘内，铺上一层搅拌好的虾泥，将鱼片盖上，制成锅贴鱼片生坯，上面均匀撒上香菜末和火腿末。

环节五：贴制

将炒锅下入熟猪油100克，烧至150℃，将锅端离火口，将猪肥膘面朝下的生坯粘匀蛋黄糊下锅，用微火煎至金黄色。

环节六：装盘

出锅时整齐地装入平盘，上桌即可。

环节七：卫生整理

工具回收，卫生整理。

操作要领

❶ 鱼片改刀厚薄要一致。

❷ 制糊时稠稀度要适当。

❸ 煎制时油温必须控制在150℃。

❹ 煎制时要随时转动锅，使火候均匀。

实训评价

请根据实训任务的完成情况或达标程度，赋予相应评价。

评价项目	学生自评	班组评价	教师评价
加工成形	□优秀 □良好 □合格 □不合格	□优秀 □良好 □合格 □不合格	□优秀 □良好 □合格 □不合格
工艺流程	□优秀 □良好 □合格 □不合格	□优秀 □良好 □合格 □不合格	□优秀 □良好 □合格 □不合格
油温火候	□优秀 □良好 □合格 □不合格	□优秀 □良好 □合格 □不合格	□优秀 □良好 □合格 □不合格
菜品质量	□优秀 □良好 □合格 □不合格	□优秀 □良好 □合格 □不合格	□优秀 □良好 □合格 □不合格
操作规范	□优秀 □良好 □合格 □不合格	□优秀 □良好 □合格 □不合格	□优秀 □良好 □合格 □不合格

续表

评价项目	学生自评	班组评价	教师评价
卫生安全	□优秀 □良好 □合格 □不合格	□优秀 □良好 □合格 □不合格	□优秀 □良好 □合格 □不合格
签　名			

拓展提升

锅贴鱼片的烹调方法是贴，用此方法可以烹制"锅贴腰片""锅贴兔片""锅贴豆腐""锅贴虾仁"等菜肴。

实训练习

❶ 熟猪油如何炼制？

❷ 贴和煎的区别是什么？

任务5　烹调方法"熏"的应用

熏是将初步熟处理的主料用木屑、茶叶、柏枝、竹叶、花生壳、黄糖粉等燃料燃烧时发出的浓烟将主料熏至外表色黄的烹调技法。熏制菜肴具有烟熏清香味，色泽美观，风味独特。

烟熏又分生熏和熟熏两种，生熏是针对细嫩的生料，一次性将其熏熟；熟熏则是将原料先用其他方法制熟，然后再用烟来熏，以增添烟香风味。

 熏鸡

实训目标

❶ 培养良好的卫生习惯和安全意识，遵守行业标准。

❷ 掌握熏的工艺并鉴别不同鸡类的品质。

❸ 根据制作工艺独立完成熏鸡的制作。

扫二维码
观看实训视频

实训描述

熏鸡的制作由来已久。据传，清朝康熙皇帝的老师傅以渐先生，带着御厨告老还乡回到东昌府，御厨带来的熏的技法与地方工艺相结合，使熏鸡达到了炉火纯青的地步。后来逐步演变创新出近期的名菜："中聊张记熏鸡架"。

实训要求

色泽金黄，鲜香味美。

实训准备

1. 设备与工具

炉灶，汤桶，熏锅。

2. 原料与用量

主料：雏鸡1只（约750克）。

调料：料包（山柰10克，小茴香5克，桂皮5克，八角5克，丁香2克，砂仁5克），盐5克，料酒20克，红糖50克。

实训分解

环节一：初加工处理

将雏鸡去掉内脏、肺清洗干净后盘制成精美形状备用。

问题探究：禽类的肺为什么要去干净？

环节二：调制卤汤

将料包扎紧，放入汤桶内。加入水盐、料酒烧开。煮出料香味。然后放入盘好的鸡卤制10分钟关火，焖30分钟出锅。

问题探究：鸡在卤制时为什么要少煮多焖？

环节三：熏制

将熏锅置于炉上，将卤熟的鸡放熏笼上，将锅烧至微红放入红糖，快速盖上盖，熏约2分钟即可。

环节四：卫生整理

涮洗刀具，擦洗炉灶。

操作要领

❶ 鸡要去肺、内脏清洗干净。

❷ 卤制时要少煮多焖。

❸ 熏鸡时要掌握火候，防止色重。

实训评价

请根据实训任务的完成情况或达标程度，赋予相应评价。

评价项目	学生自评	班组评价	教师评价
加工成形	□优秀 □良好 □合格 □不合格	□优秀 □良好 □合格 □不合格	□优秀 □良好 □合格 □不合格
工艺流程	□优秀 □良好 □合格 □不合格	□优秀 □良好 □合格 □不合格	□优秀 □良好 □合格 □不合格
温度火候	□优秀 □良好 □合格 □不合格	□优秀 □良好 □合格 □不合格	□优秀 □良好 □合格 □不合格
菜品质量	□优秀 □良好 □合格 □不合格	□优秀 □良好 □合格 □不合格	□优秀 □良好 □合格 □不合格
操作规范	□优秀 □良好 □合格 □不合格	□优秀 □良好 □合格 □不合格	□优秀 □良好 □合格 □不合格
卫生安全	□优秀 □良好 □合格 □不合格	□优秀 □良好 □合格 □不合格	□优秀 □良好 □合格 □不合格
签　　名			

拓展提升

熏制工艺各有不同，熏的技法中各地均有特色，有用糖、松枝、小米、茶叶等。

实训练习

常见的熏料有哪几种？

实训2 熏猪蹄

实训目标

❶ 培养良好的卫生习惯和安全意识，并遵守行业标准。

❷ 掌握猪蹄的品质及操作关键。

❸ 根据制作工艺独立完成熏猪蹄的制作。

扫二维码
观看实训视频

实训描述

熏猪蹄是在卤猪蹄的基础上创新而来，后来经过长时间的流传，吸收了各地的特色，在卤制的工艺上进行熏制而成。熏制的工艺有很多种，常见的有红糖熏、茶熏、白糖熏、果木熏等。

实训要求

色泽金黄，质地劲道。

实训准备

1. 设备与工具

炉灶，汤桶，熏锅。

2. 原料与用量

主料：猪蹄1000克。

调料：绿茶10克，料包（小茴香5克，八角10克，肉蔻5克，桂皮5克，花椒5克，姜5克），盐5克，料酒30克，白糖20克，红糖50克。

实训分解

环节一：初加工处理

将猪蹄去净毛，清水泡洗干净。

问题探究：猪蹄为什么需要用水浸泡？

环节二：煮制卤汤

将香料放入料包内，汤桶加入10千克水，加入料包、白糖、盐、料酒、猪蹄小火煮10分钟，然后焖60分钟捞出，放在熏笼上备用。

问题探究：卤猪蹄如何防止爆皮？

环节三：熏制

取熏锅，将锅烧热，快速撒上红糖、绿茶，熏笼盖上盖，熏制2分钟即可。

环节四：卫生整理

清洗刀具，擦洗炉灶。

操作要领

❶ 猪蹄要泡去血污。

❷ 卤时要微火，少煮多焖。

❸ 熏制时要掌握熏锅温度。

实训评价

请根据实训任务的完成情况或达标程度，赋予相应评价。

评价项目	学生自评	班组评价	教师评价
加工成形	□优秀 □良好 □合格 □不合格	□优秀 □良好 □合格 □不合格	□优秀 □良好 □合格 □不合格
工艺流程	□优秀 □良好 □合格 □不合格	□优秀 □良好 □合格 □不合格	□优秀 □良好 □合格 □不合格
温度火候	□优秀 □良好 □合格 □不合格	□优秀 □良好 □合格 □不合格	□优秀 □良好 □合格 □不合格
菜品质量	□优秀 □良好 □合格 □不合格	□优秀 □良好 □合格 □不合格	□优秀 □良好 □合格 □不合格
操作规范	□优秀 □良好 □合格 □不合格	□优秀 □良好 □合格 □不合格	□优秀 □良好 □合格 □不合格
卫生安全	□优秀 □良好 □合格 □不合格	□优秀 □良好 □合格 □不合格	□优秀 □良好 □合格 □不合格
签　名			

拓展提升

学会制作此菜,还可以运用熏的烹调技法制作"熏兔"。

实训练习

怎样挑选前猪蹄?

参考文献

［1］邹伟，李刚. 中式烹调技艺［M］. 3版. 北京：高等教育出版社，2022.

［2］庄永全，朱立挺. 中式热菜制作［M］. 3版. 北京：高等教育出版社，2022.

［3］中国就业培训技术指导中心. 国家职业资格培训教程——中式烹调师［M］. 2版. 北京：中国劳动社会保障出版社，2007.